中国农业大学国际学院建院 25 周年献礼

中国农业大学
“双一流”文化传承
创新项目

再回首

中国农业大学国际学院建院25周年

黄冠华　陈明海　主编

中国农业大学出版社
·北京·

内容简介

为了庆祝新中国成立70周年，同时回首国际学院建院25周年，特组织编写了本书。书中讲述了国际学院师生在学院学习、工作、校园生活中发生的难忘故事或片段，从不同侧面展现了不同年代、不同群体的典型人物、事件和活动，全面反映了建院以来所取得的卓越成就。本书由五部分内容组成，分别为：ICB给我力量；我想对你说；我与国院；那些年，那些事；国际学院大事记。书中那些奋斗着的优秀校友及辛勤付出的老师们，与千千万万的"果园人"一道，共同构成了国际学院蓬勃发展、不断向上的历史画卷。

图书在版编目(CIP)数据

再回首：中国农业大学国际学院建院25周年 / 黄冠华，陈明海主编. —北京：中国农业大学出版社，2019.9

中国农业大学"双一流"文化传承创新项目

ISBN 978-7-5655-2270-3

Ⅰ.①再…　Ⅱ.①黄…②陈…　Ⅲ.①中国农业大学国际学院-校史-1994—2019　Ⅳ.①S-40

中国版本图书馆CIP数据核字(2019)第189677号

书　　名　再回首——中国农业大学国际学院建院25周年

作　　者　黄冠华　陈明海　主编

策划编辑	童　云　张　玉	**责任编辑**	张　玉
封面设计	张永华		
出版发行	中国农业大学出版社		
社　　址	北京市海淀区学清路甲38号	**邮政编码**	100083
电　　话	发行部 010-62733489,1190	**读者服务部**	010-62732336
	编辑部 010-62732617,2618	**出　版　部**	010-62733440
网　　址	http://www.caupress.cn	**E-mail**	cbsszs@cau.edu.cn
经　　销	新华书店		
印　　刷	涿州市星河印刷有限公司		
版　　次	2019年9月第1版　2019年9月第1次印刷		
规　　格	787×1 092　16开本　18.5印张　270千字		
定　　价	58.00元		

编　委　会

前 言
Foreword

中国农业大学国际学院于1994年成立，是国内最早开展本科国际化教育教学改革与实践的单位之一，是中国农业大学最大的本科教学学院之一。建院25年以来，国际学院全面落实党的教育方针，坚持社会主义办学方向，积极搭建国际化教育平台，在人才培养模式、课程体系设置、教学质量保障、学业指导体系等方面积累了丰富的经验，办学成果获得了社会的高度认可，有效助推了中国农业大学的“双一流”建设。

国际学院秉承百年农大的优良传统，不忘学院之初心，牢记育人之使命，努力培养具有家国情怀、富有社会使命感和责任感，具有国际视野，通晓国际规则，具有国际竞争力的创新型国际化人才。通过“引进、消化、吸收、再创新”的途径，形成了具有国际化的师资队伍、国际化的课程体系、国际化的教育教学条件、国际化的管理、国际化的教材以及国际化课堂的六元国际化办学特色。25年间，国际学院已累计培养了7 000余名毕业生，约90%的毕业生进入了包括耶鲁大学、剑桥大学、清华大学、北京大学等在内的世界一流水平高校继续深造，其他毕业生也在进入各行各业后，深得用人单位的青睐。目前，相当一部分的毕业生已成为经济、金融、传媒、教育等领域的翘楚。燕山脚下，四海内外，走出了一批又一批优秀的“国院人”。

25年春华秋实，25年桃李芬芳。历经拼搏奋斗后的丰硕成果凝聚着中、外籍师生员工以及关心和支持国际学院发展的各位领导、各届同仁为此付出的汗水与智慧，在中国农业大学这所有着114年历史的古老校园中有国际学院年轻且精彩的年华。

在新中国成立70周年之际，恰逢建院25周年，国际学院以约稿和采访的形式，记录了几十位校友和十几位国内外师长在国际学院学习中、工作中、生活中和合作交流中的点点滴滴。这些美好回忆从侧面记录了国际学院一路走来的心路历程，记录了“国院人”的青春奋斗，留下了“国院人”的美好回忆，展望了“国院人”的美好未来，为国际化教育的可持续发展提供了经验。

本书得到了中国农业大学宣传部闻静超老师以及国际学院2010级校友马香涵女士和2002级校友胡冰女士的大力支持，在此特别表示感谢。此外，在图书编写过程中，宋宇政、张雪筠、娄涣钰、林百川、秦领、汪锦华、殷向杨、杨浩天等同学以及其他师生和校友也做出了很多贡献，在此一并感谢。

书中难免有不当或错漏之处，还请读者朋友们批评指正！

编委会

2019年8月

目 录
Contents

第一章 ICB 给我力量 1

ICB 带给我的力量 .... 王彦炜 3

The World is Opening for You .... 陈 彭 6

追寻梦想，不忘初心 .... 陈 尧 8

为了中华，为了世界

——谨以此庆贺中国农业大学国际学院建院 25 周年 .... 孟翔昊 12

国际学院给我的力量 .... 滕儒训 17

我的成长与道路 .... 罗 然 21

风雨兼程，走出自己的精彩 .... 程俊铭 24

那些年，那些事 .... 蔡 然 27

我与国际学院 .... 王梦洁 31

想念我的老师和同学们 .... 李佳瑞 34

国院记事随笔 .... 李 众 37

国际化教育对我之影响 .... 马闻铎 41

追忆似水年华

——国院里的青春与梦想 .... 权 利 45

自由的国院，不设限的人生 .... 李佳璐 48

追忆流水年华 .... 罗一伟 52

忆“果园”往事，念师生真情

——写于研究生毕业季 .... 刘佳承 55

很高兴遇见你，“果园” .... 刘 琦 58

梦想，从这里起航 .... 郑茂永 61

第二章　我想对你说 …… 65

我想对你说 …… 何其乐 67

传道者 Kathy …… 牛　勇 69

那段不曾辜负的激情岁月 …… 尚　进 73

国际学院之回忆 …… 徐潇潇 77

Advice to College Students …… Ai Zhang 81

在这里，遇见不一样的自己 …… 常　昊 85

匆匆那年，永在心间 …… 胡　冰 88

用国际化的视野和思维去迎接互联互通的新时代

——写给学弟学妹的话 …… 胡　旭 91

来吧，就 21 天！ …… 王子贺 94

美丽国院正当年，难忘年华有你伴 …… 施荔雯 96

一苇以航 …… 陈安琪 99

ICB 与我的二三事 …… 韩诗扬 102

你也可以成为学霸 …… 李　想 107

感恩有你 …… 郭东湖 111

致国院，致青春 …… 郭胜军 114

写给回忆，写给你 …… 林里嘉 117

饮水思源，感恩国院 …… 王浩然 122

有这样一种归属感

——给在“果园”茁壮成长的果子们 …… 张艺慧 125

趁着年轻，勇敢去尝试吧 …… 朱　琨 128

你好，“果园” …… 周向媚 132

第三章　我与国院 …… 135

专访陈群：金融专家与国际学院的不解之缘 …… 秦　领 137

专访刘含：一位国院人的 20 年英国创业故事 …… 宋宇政 141

专访甄忱：潜心科研，专注教育 …… 娄涣钰 147

专访蒋东剑：“拼杀”归来的少年 …… 杨浩天 152

专访邢曚：人生要奋斗也要享受 …………………………… 张雪筠 156
专访谢鹏：从学到教，雅思名师的华丽转变 ……………… 秦 领 162
专访聂婉燕：笑看花开 ………………………………… 汪锦华 166
专访张莉莎：发现最好的自己 …………………………… 林百川 170
专访张欣婷：不断挑战，丰富自身 ……………………… 殷向杨 174
专访张凡：永不止步的开拓者 …………………………… 林百川 180
专访谢盈盈：教育是一种终身的情怀 …………………… 杨浩天 185
专访王浩宇：扎扎实实"解民生" ……………………… 林百川 189
专访王雪晶：从国院走到讲台，享受每一段经历 ……… 张雪筠 195
专访于越：拥抱生活，活在当下 ……………… 宋宇政 娄涣钰 201
专访黄蔚嘉：两百场没有观众的演讲 …………………… 汪锦华 205
专访王珏璘：年轻而自由的体验派 ……………………… 娄涣钰 210
第四章 那些年 那些事 ……………………………………………… 215
不忘初心，牢记使命
——献给 25 岁的国际学院 …………………………… 傅泽田 217
国际学院之路
——纪念国际学院建院 25 周年 ……………………… 孟繁锡 223
我与国院 …………………………………………………… 杨宝玲 232
陪国际学院走过的 25 年 ………………………………… 焦群英 235
Partnership and Friendship for a Quarter of a Century … Dorothy Horrell 238
The Best of Both Worlds: How the CAU/CU Denver Partnership
at ICB Transforms Students ……………………… Pamela Jansma 241
University of Bedfordshire in partnership with ICB … Ashraf Jawaid 244
Celebrating Success …………………………………… Phil Davies 247
Memories of the Oklahoma State Program at ICB …… David Henneberry 254
Remembrances of a Decade at ICB …………………… Barry Campbell 259
My ICB Story ………………………………………… Deborah V. Burgess 265
Memories of nearly a decade at ICB ………………… Nick Golding 267

第五章　国际学院大事记 …… 271
1994 年 …… 272
1995 年 …… 272
1996 年 …… 272
1997 年 …… 273
1998 年 …… 273
1999 年 …… 273
2000 年 …… 274
2001 年 …… 274
2002 年 …… 274
2003 年 …… 275
2004 年 …… 275
2005 年 …… 275
2006 年 …… 276
2007 年 …… 276
2008 年 …… 277
2009 年 …… 277
2010 年 …… 277
2011 年 …… 278
2012 年 …… 279
2013 年 …… 279
2014 年 …… 279
2015 年 …… 280
2016 年 …… 280
2017 年 …… 281
2018 年 …… 281
2019 年 …… 282

第一章

ICB给我力量

ICB
国际学院
ICB
2019.5.22

ICB带给我的力量

王彦炜

王彦炜

作者简介

王彦炜，男，1980年生，内蒙古人。1998年进入中国农业大学国际学院就读经济学专业，曾任国际学院学生会主席。2002年毕业后被保送至中国农业大学经管学院攻读研究生，期间公派英国鲁顿大学学习1年，2005年研究生毕业。同年加入中国五矿集团，从事房地产业务，目前任职五矿地产（惠州）公司董事、总经理。

正值国际学院（ICB）成立25周年，我想借此机会与师弟师妹们分享一下我在ICB的宝贵收获。随笔几句，以此共勉。

1998年我18岁进入大学，4年的大学生活转瞬而逝，如今已经毕业17年了。18岁离开了父母，只身来到北京，带着自己的憧憬，带着自己的梦想。记得入学的第一天是在老图书馆的八角楼报到，住宿被分在了五四楼一楼的宿舍，班级分在了五班B班。我的第一个外教叫Mark，很喜欢我。懵懵懂懂的我就这样开始了大学的生活。

回想起在ICB的四年学习生活，似乎有着种种耐人寻味的东西想去触碰。在ICB读书，经历过自豪、自卑、自信、自强几个阶段。曾几何时，不太愿意跟同龄人提起自己是从ICB毕业，总感觉在那个年代，国际化办学是个特殊的事物，总感觉自己的大学跟国内其他同学的大学生活不一样。曾几何时，感觉ICB的学生贴着富二代的标签，感觉ICB的学生没学过高深的高等数学，没学过大学生都学过的政治经济学，感觉很难融入别人的大学生活话题。但随着自己的成长和成熟，越来越感觉到ICB给予了我莫大的力量，让我变得与众不同，也变得越来越珍视曾经在ICB的日子。

2005年，我正式参加工作，真正进入了社会，体验了工作和生活的艰辛和愉快。我总是在想ICB带给了我什么，总会在碰到困难的时候自己回学校转一转，看看曾经的校园和曾经的教室，从中感受力量。我觉得我在ICB最大的收获就是Critical Thinking的思考模式，即对接收到信息要进行辩证性的思考，而不是一味觉得接收到的信息都是对的。Critical Thinking不是较劲，更不是胡搅蛮缠，而是要用辩证的眼光和逻辑分析，对接收到的信息和事物进行自我的分析和梳理，从而印证、重新梳理或者推翻所接收到的信息、指令或者知识。这个在ICB获取的能力或者思考习惯让自己在工作中获益无穷。这个思考问题的模式，让我在工作中的创新能力和逻辑能力得到极大的加强。总是能够从复杂的头绪中梳理出简单核心的逻辑，从而能够紧抓逻辑，紧抓重点和要点，从众多同事中能够脱颖而出。尤其是在步入公司领导层级的岗位之后，每天需要处理大量有用没用的信息，需要做大量的选择与决策，更能够从这个能力中获益，让自己变得更加从容，而不随波逐流。

大学生活是漫漫人生中的一个重要的驿站，大学四年的时光也是人生中最快乐的时光之一，作为离开父母独立生活的起点，这个四年也是继续前行力量的新起点。ICB带给我很多难忘的回忆，更带给我更好前行的力量。

The World is Opening for You.

陈 彭

陈 彭

作者简介

陈彭，2000—2004年就读于中国农业大学国际学院和美国科罗拉多大学经济专业。2002年全国大学生英语竞赛国家级二等奖。曾多次获得中国农业大学三好学生、优秀学生干部称号以及学科竞赛奖等。2003年创办经济学会，并帮助60余名经济专业学生成功申请并获得美国ODE经济协会会员。2005年毕业于英国伯明翰大学，国际商务专业。现任美国驻华大使馆经济处经济专家。曾就职于中建材集团进出口公司。高级经济师，美国ODE经济协会终身会员，获得英国剑桥商务英语高级证书。

ICB is a place where you are able to achieve your full potential throughout your studies and get you all prepared for a further study. It's also a place which gives you the competitive edge when it's time to start your career.

First semester is the toughest for me both on academic and emotion. I saw so many talented students from different places gathered in ICB, and some of them are so great in every aspects. During first few weeks I felt so frustrated that some students were able to speak like native speakers and also ask a lot of great questions in class. I was so nervous to do so. Luckily, going through our courses I was able to move to a higher level.

I still remember how much I was anxious about getting enrolled into a graduate school and studying abroad. However, when I was studying in one of the world top universities in Britain, I felt just like the days in ICB. One of my paper was ranked the second highest score among students from all over the world including native speakers. There's no doubt that ICB has already reached internationally high standard of education and gained worldwide recognition.

Economics is a topic about scarcity which would assist you analyzing and making decisions. As an ICB student, you have already made one of the best decisions of your life.

How can you confront the challenge tomorrow? "Give a person a fish and you feed him/her for a day; teach a person to fish and you feed him/her for a lifetime." I felt so thankful for the way of thinking that ICB has brought to me. Being creative, a strong skill of cross-culture communication, as well as solid academic background, you will benefit all throughout your life.

Twenty five years, it's a time for a new-born to grow up to a mature person. I'm so happy to see what ICB has achieved. I'm so proud to be an ICB alumni. ICB has opened a door to the wonderful world which is waiting for you to explore. THE WORLD IS OPENING FOR YOU.

追寻梦想，不忘初心

陈　尧

陈　尧

作者简介

陈尧，国际学院2004级学生，工商管理专业，而后赴英国华威大学攻读研究生。2009年回国后，入职普华永道会计师事务所，在金融机构服务部做审计师，2012年到海通证券做债券工作，之后进入了VC/PE行业，先后在艾亿新融资本、赛伯乐投资工作，获基金从业资格。目前在盛世景资产管理集团股份有限公司从事基金和股权投资。在工作之余，考取了英国葡萄酒与烈酒认证WSET二级，并深入研究心理学及催眠疗法等，为周围的同事朋友排解了众多由于压力大等原因形成的心理和情绪上的问题。

我们每个人都有自己的梦想，大的，小的，可能实现的，看似不着边际的。每个时期的梦想都不同，从小到大，大大小小的梦想少说也得有几十个。曾经想当个好学生，好好学习，天天向上；想当警察保护人民的安全；想当科学家继续爱因斯坦未完成的研究；想当宇航员去太空建立一个适宜人类居住的新“地球”；想当军人保卫世界和平；甚至想变成钢铁侠去拯救世界……有的实现了，有的现在知道这一生只能“梦”一下了。

在我步入中国农业大学国际学院的时候，刚刚经历了“成人仪式”，那时我的梦想就是，好好学习，顺利到英国留学，还有就是要好好享受一下大学生活，毕竟高三过得太辛苦，终于熬过来，从现在开始，要享受丰富多彩的生活。

我们是幸运的。农大国际学院的学习生活相比中国其他大学学院来讲，是真的非常精彩。因为它的国际化特性，我们从一开始就可以享受非常棒的老师给我们进行纯英文授课，不但专业知识学有所成，而且我们的英语水平比一般大学生在潜移默化中要高了不知多少倍。国际学院的同学也都是出类拔萃的，我不是说这里的学生学习成绩都名列前茅，而是综合素质大多是同龄人中的佼佼者。由于是国际化教育风格，这里的学生绝不仅仅是死读书只关心科目成绩，我们有相当广泛的兴趣爱好，也比一般大学生有着更多的创新思维。而这些特质，在社会上是非常稀缺的。

当我们顺利到了国外继续学业，因为是一个年级的同学一起出国，所以我们比一般出国留学的学生多很多小伙伴。都知道到国外留学，对人的独立性、自觉性、自制力等都是很大的挑战，更何况我们出国的年纪刚好是世界观、人生观、价值观三观形成的重要时期。身边有很多朋友同学互相照应，使得我们可以在培养自己独立自主的同时，不会感到过于孤独和无助。这种得天独厚的条件，从三观建设和心理成长上，给我们带来无比巨大的财富——它使我们独立的同时不孤单，冒险的同时有安全感，自我成长的同时有团队合作，跨越困难的同时有伙伴援助……这些可以帮助一个人建立起非常健康的三观。

在国外留学期间，健全的三观逐渐形成，同时也使我们变得更加包容和有弹性。不同国家的文化差异，不同信仰的生活习俗，不同成长背景的思维方式差别……各种各样的不同，在我们身上，实现了“大同”。我们的眼界变宽了，人生格局变大了。我们对生活充满了更多的接纳，更多地体会到生命的新奇和精彩。而因为与来自世界各地的同学不断接触，一起学习生活，使得我们有更高的同理心，更容易站在他人的角度去看事情，理解他人。

在本科读完后，我当时选择了留在英国完成研究生学业，继续历练和成长。研究生毕业回国，我觉得人生最苦闷的日子已经过去，终于要开始工作，正式步入社会，可以自己赚钱，边工作边学习增长技能，简直太自豪了。现在回忆起那时的我，真是很傻很天真。殊不知，从那时起，才是真正开始了自己的人生……

当我们步入社会进入工作岗位，我们才开始真正地学习掌握自己的人生，理解什么是对自己的生命负责。在这之前，父母、家庭、老师都给我们无限的支持，但从这时起，大多的事情需要靠自己了。这是人生中成长最快的时期，我们应该好好把握，因为这是我们“找回自己力量”的时期。我的人生，我做主。我们人生中的每一步，都是我们自己选择的。每一个当下，我们都有选择权。不要说我没办法，我是被迫才怎样怎样做的，因为就算是被迫选择，那也是你自己选择“被迫”的。所以，我们要学会最重要的一点就是：对我们生命中的每一个发生，负起百分之百的责任。这听起来可能没那么愉快，我刚开始也会想，好的事情我愿意说是因为我，那不好的事情我会自然地归咎于他人。但这是我们的力量源头。因为，只有我们真的认领了所有的发生，我们才从心底承认这些事情都是因我而起，如果这些都是因我而起，我可以让它们发生，我也就可以改变它们！所以，永远不要将精力浪费在妄想改变别人，或者改变任何外在情形。永远只管在自己身上下功夫。好消息是，当你自身改变了，外在环境和人、事物也就跟着改变了。这可不是什么先有鸡还是先有蛋的关系，这明明确确就是，你的内在是因，而所有外在的显现都是果。当我们明白了这个道理，就可以重新审视自己的梦想是什么，什么才是我们真正想要的。确定了，就可以奋力地去追寻。

提到梦想，很多人都会感到迷茫，不知道自己真正想要的是什么。有的人想要得到人们的认可，有的人想要获取巨大的财富，有的人想要拥有最美丽的外表，有的人想要升到更高的职位……这些都指向同一个问题：我们如何体现自我价值。

我们有没有好好思考过：你的最大价值是什么呢？

也许有一天，我们发现，所有之前追求的这些个人价值体现，都是我们不忘初心完成梦想的“附属品”。

当我们全身心投入到努力做好一件事情、一个项目，等到成功的时候，财富就作为“附属品”来到了；

当我们出于“利他”的角度，不计回报地真诚地帮助他人，使他人获得成就并真心为之感到喜悦的时候，他人的认可就作为“附属品”来到了；

当我们对每个人都表达良善，一切人、事物都以正心正念对待，心灵的美丽，也就生出了美丽相貌这个“附属品”；

当我们不从自己的利益出发，凡事以集体和公司利益为重，高调做事，低调做人，升迁的机遇也就作为“附属品”来到了……

归根结底，都是一个“初心”。

每个人出生在这个世界都是独一无二的，都有不可替代的价值，发挥出个人天赋，活出你自己，就是对这个社会，对这个世界最大的价值。

最后，我想把《追梦赤子心》的几句歌词送给学弟学妹们：

不求任何人满意 只要对得起自己
关于理想我从来没选择放弃
付出所有的青春 不留遗憾
向前跑　带着赤子的骄傲
生命的广阔不历经磨难怎能感到
命运它无法让我们跪地求饶
生命的闪耀不坚持到底怎能看到
为了心中的美好
不妥协直到变老

祝愿所有大家，都能实现自己的梦想，不忘初心。

为了中华，为了世界

——谨以此庆贺中国农业大学国际学院建院25周年

孟翔昊

孟翔昊

作者简介

孟翔昊，北京人，中国农业大学国际学院2004级中英项目工商管理专业学生，2007年赴英国贝德福德大学继续攻读本科学位，毕业后前往华威大学攻读项目管理专业硕士学位。毕业后曾先后在中国电子信息产业发展研究院、中国电子学会、中国电子科技集团等单位从事研究工作。目前任正道智库执行理事长兼秘书长，“中华优秀文化论坛”总策划。主要兼职有中国教育学会会员、《国家智库》《中国智库》编辑部副主任、中华文化促进会老干部志愿者工作委员会秘书长、中国智慧城市百人会副会长、中国电视艺术家协会国际交流合作委员会常务理事等。

题　记

灼灼其华，煌煌其盛；桃李芬芳，杏坛长青。欣悉国际学院在农历己亥年迎来25周年建院华诞，所谓“落其实者思其树，饮其流者怀其源。”在这25年的办学历程中，国际学院秉持“立德树人”的基本理念，首开中西合作办学之先河，为国家发展和社会建设培养出了一批批经世致用、济世匡时的优秀毕业生。

晚生有幸作为这25代学人中的普通一员，值此学院华诞之际，谨以此拙作奉致，聊表寸心。

一、我是谁？

如何回答“我是谁”？当深刻思考中华民族崛起这一伟大主题的时候，我们意识到，世界各文明的内核是拥有能够阐述和诠释自我的知识理论体系，强大的文明建立在强大而富有生命力的知识理论体系之上。

当前，我国作为世界第二大经济体，早已把自身的前途命运和世界的前途命运紧密联系在一起。但是，随着中国综合国力的日渐增长，西方世界对我国的误解却貌似有增无减，此起彼伏，甚至西方学术界出现了“研究中国越多，知道越少”的说法。恐怕这些问题的产生至少有两方面原因：一是根深蒂固的欧洲中心论，欧洲人认为欧洲才是世界的中心，是文明开化的地方，其他地方包括中国都是野蛮落后的地方，这种论断流传了近300年，影响甚广。随着我国国力的急速提升，西方世界的不适感越发强烈，抵抗之心与日俱增；二是我国学人的价值观出现问题，潜意识里迎合西方意愿，惯性化地试图用西方世界的方法理论解读中国现象，言必谈西方，用西方的“苹果”解释中国的“橘子”，由此产生曲解中国社会现实的情况屡见不鲜就不难理解了。

实际上，仅依靠豪言壮语和民族自信也确实是无法抵挡异质文化对中华民族的侵蚀，我们确实应该认真研究中华文明在全球化摧枯拉朽的浪潮中，如何积极主动地作为，做好面对世界格局变化的各种准备。

二、中华民族伟大复兴的世界意义

当代最伟大的历史学家阿诺德·汤因比通过历史的视角，曾直言不讳地预言：未来最有资格和最有可能为人类社会开创新文明的是中国，中国文明将一统世界。他睿智地指出：人类绝不可能依靠西方的民主制度实现统一，那么世界的出路在哪里？在与日本社会活动家池田大作的对话中，汤因比坦诚地给出了他的观点：世界的未来在中国，人类的出路在于中华文明。

建立“世界国家”需要中华文化。

中华文化是中国的，也是世界的，它是全人类智慧结晶的重要组成部分。

汤因比先生认为中国在漫长的发展进程中，虽然也经历了无数次混乱和解体，但从宏观大历史的角度来看，中国人无疑是通过高度融合异域文化，成为全世界唯一一个完整守护了自身文明的超级文明。正因为中华文化和西方文化所提倡的“二元对立”思想，相比有着独特优势，不仅是汤因比先生，牟复礼、郝大维等诸多知名学者都认为，西方和整个世界都需要中华文化。

世界需要中华文化，一方面由于上面提到的中国几千年来“超稳定”的存在和文化统一，在社会生活、文化发展和政治建设等领域能够为世界民族均可提供取之不尽的经验和借鉴，以“构建人类命运共同体”为引领，构建未来人类的发展之路。

“讲好中国故事。”中华文化也需要世界。近代以来，中华民族吃够了故步自封、闭关锁国的苦头，缺少了异质文化冲击带来的新鲜元素，缺少了第三方视角的对比和参照，终日徘徊在固有的沉疴中无法自拔，沉浸在天朝上国的虚幻中，就无法创新，无法贡献新的成就，无法推动社会和国家发展前行。

实际上，以我们当前的国际政治地位和经济体量，恐怕很难给我们太多的时间继续韬光养晦了，美国人总说我们是“一只大象在蚂蚁身后跳舞”，一方面，我们需要正视我们自身和西方世界还存在较大差距，需要继续迎头赶上；另一方面，我们也需要正视国家正处于稳步崛起阶段的现状，对我们来说，对世界“讲好中国故事”就是一件了不起的成就了，这并非易事。西方世界享有的巨大话语权在于他们把西方那一套故事讲得很好，很多价值观是通过“讲故事”的形式表达出来的。中华民族的崛起将在“构建人类命运共同体”的旗帜下，成为维护世界和平、捍卫国际秩序、促进合作共赢的重要力量，成为世界乱象中的中流砥柱。

我们期待拥抱世界，世界也在关注和期待我们。

“用中国理论解读中国实践。”2019年5月5日，由笔者负责的中华文化促进会老干部志愿者工作委员会联合正道智库共同发起的：“‘用中国理论解读中国实践’——构筑新时代中华文明复兴知识体系和文化软实力”国家级大型学术工程就是在上述思想的指导下启动的。希望通过此项学术工程，建立基于中国经验和价值观之上强大而富有生命力的中国知识理论体系，学习西方但不要照搬西方的思维方式，将中国伟大新时代的伟大实践，进行概念化和理论化，将新中国成立70年来在实践中积累的“行”上升为理想信念的“知”，建立起基于“中国故事”之上的科学化、理性化知识体系，进而回答好“我是谁”的问题，讲好中国故事，向世界全面展示、深度推介中华文明，说明解释中国崛起对世界的重大意义，构筑中华民族共有的精神家园，为决胜全面建成小康社会，夺取新时代中国特色社会主义伟大胜利提供强大的精神动力，让其成为鼓舞人们矢志不渝、开拓进取、坚持奋斗、有所作为的信念支柱。

三、我们共同的责任

2019年是中国农业大学国际学院成立25周年。25年对于人生来说已近而立之年，但对于一个学院来说还很年轻，相较于其他学院，国际学院特色鲜明，极富活力，既是广大学子接触异质文化并从中汲取人生营养的绝佳平台，也肩负着促进中西文化交流的重任。

我们深知，文化建设并非朝夕之功，加强校园文化建设，增强青年学子的文化自信，培养他们正确的义利观，既不能等闲视之，又不能急功近利。

我们呼吁，通过跨领域合作共建等形式，培养相当数量的深谙中华优秀传统文化精髓，具备家国情怀、国际视野、开放包容观念、国际交流能力、多元文化理解能力和团队合作能力的高层次复合型和创新型的青年学人，加强与世界学界的广泛而深度交流，应该成为国际学院未来发展的重点之一。通过走出去也请进来，使双方学人能够直观地体验生活，准确而客观地把握彼此的深度关切和文化传统，成为协商解决矛盾冲突，推动世界和平发展的主力军。

我们倡议，所有毕业生行动起来，与国院全体在校师生一道，勠力同心、同舟共济、脚踏实地、攻坚克难，共同开创具有鲜明国际学院特色的办学新局面，将国际学院的建院精神发扬光大。

我们相信，希望再过 25 年，待国际学院成立 50 周年纪念时，学子们在浓厚的国际化办学氛围沁染中，在全球高水平师资的培养下，都能够融汇古今，贯通中西，拥抱中华文化，将其作为探索民族和人类光明未来的立足根基。

我们期待，当新一届国际学院毕业生走出国门奔向留学目的地国家的时候，能够充满自信地将中华优秀文化传播出去，自觉维护民族形象和国家利益，为深深根植于中华优秀文化的中国特色社会主义建设奉献终生，投身于“构建人类命运共同体”这一波澜壮阔的历史洪流之中，磨砺出真正能够影响一代国人和民族的学术泰斗和精神领袖，这不仅是国际学院一方的责任，也是我们一代代毕业生的共同责任和人生坚守，当下有为，未来可期。

国际学院给我的力量

滕儒训

滕儒训

作者简介

滕儒训，山东省德州市人，2004年考入中国农业大学国际学院工商管理专业，2006年7月至2007年7月在英国贝德福德大学工商管理专业就读，2007年12月就读于中国人民大学财政金融学院金融学专业（在职研究生）。2007年7月至今，在山东德州夏津县委组织部工作，现任县委组织部副部长，分管基层组织建设。

光阴荏苒，时光飞逝。十年树木，百年树人。

转瞬间，我们毕业已经十二年了，2006 年毕业生们一起植树的场景仿如昨日，如今树已成林。青春已逝影留心，岁月流转情永记。

2004 年，我还是懵懂少年，怀着期待与憧憬迈入大学的校园。步入了大学，似乎步入了坦途。初入大学，没有明确的方向，彷徨、迷惑，迷失在教室、食堂与寝室的三点一线中。我不止一次问过自己，为什么我要读大学。

十二年后，回望过去的自己，大学带给我的改变清晰又模糊，它如春风细雨，润物无声，它不可触及，又无处不在。专业知识与实践技能早已随时间淡忘，但赋予我的使命、眼界、精神、胸怀已融入我身体的每一个角落，国际学院的国际视野、国际思维，汇聚成一种力量，激励着我前进的脚步。

这种力量，是追求卓越的勇气

回想大一刚入学时，我常常懊丧，感觉自己处处不如人，就这么平平淡淡地读完本科，毕业以后随便找个工作，碌碌一生吧。但我很庆幸，一位老师告诉我，“大学是个大舞台，你不试一试，怎么知道自己不行呢?”从那以后，我积极参加各类活动，虽然说结果并不如人意，但我发现，自己的表达交际能力和组织协调能力有所提升。我上课认真听课，与老师积极互动，发现专业课不再那么无趣了。我热爱出行，看到了自己曾经看不到的许多景色。大学是一个你能用最小的代价犯错的地方。既然这样，何不舍去自弃，与风雨同行呢。直到今天，当我在工作、生活中遇到坎坷时，还是会回想起十二年前的那个少年，想起自己第一次登上舞台的狼狈，想起第一次组织活动的手忙脚乱，还有老师的鼓励，同学的掌声。这些在无形中塑造了我的性格。不去试试，怎么知道自己不行呢？追求卓越，成功就会在不经意间追上你。

这种力量，是坚定理想的信念

“为天地立心，为生民立命，为往圣继绝学，为万世开太平。”这是我国先贤为大学教育垂示的理想宏愿。苏格拉底也曾说，世界上最快乐的事，莫过于为理想而奋斗。

曾经的我，和很多同学一样，存在着团结协作观念较差、艰苦奋斗精神淡化、社会责任感缺失、学习动力严重不足等问题。尤其是在英国的一年，大学会给予我们充分的自由，这种自由体现在方方面面：课程和学分就在那里，上课和考试都由你来选择，没有班主任、辅导员、班干部，没有监督、指导和小报告。几点起床、几点睡觉，上课还是逃课，一天吃几顿饭等，你的全部学习生活，都由你自己安排。这种自由同时也意味着自我约束和自我管理。是做个 loser 换个国家啃老，还是抓住机会，把人生的舵盘牢牢握在自己的手里？我选择了后者，你们呢？

大学于我，就是追求理想道路上的引路人，我记得一位老师曾说过，年轻人的理想，应该是“胸怀天下，情系桑梓，智力为民”。如今，我把它当作前进道路上的座右铭。时刻提醒自己的理想和使命，立德树人，育人为本，大学对我的教育远没有结束，这种力量时刻鞭策着我，让我自觉形成与社会主义市场经济相适应、与社会主义共同理想相一致的理想信念，树立积极向上的价值观、人生观，增强信心，自觉地把“他律”转化为“自律”，把对国家的高度责任心和历史使命感转化为德性。

这种力量，是求真务实的锐气

“无思考，不成才。”高三毕业之后，从一个极度紧张的状态放松下来，很多人就像是由俭入奢一样，疯狂地放松自己，疯狂地迷失。“我考上大学了，我能玩四年”的心态早就在脑子里扎了根。高中的学习让人们筋疲力尽，不愿意再动脑子思考任何问题。可是，真正的人生还没有开始就放弃了思考，这难道不是一件很恐怖的事情吗？

大学教给我的，就是多问几个为什么，让我学会独立思考，探寻真理。英国这样一个多元化的国家，给我提供了一个前所未有的学习环境，这不仅仅是学校和课本上的文字，还包括空前多样化、包容性、互融性的文化。文化的核心载体是人，我喜欢和人打交道，结识新朋友。有时大家一起喝咖啡聊天，静享一个午后；有时三五成群一起去看足球，热血沸腾；有时大家在草地上讨论作业，争得面红耳赤。

我喜欢和来自不同国家、不同文化背景的朋友们聊天，向他们学习，从而丰富我的阅历。对于我来说，任何与人交往的机会，都是宝贵的学习机会。然后我会走出去，亲自去看去体会。英国之大，赋予了学习无尽的广度和宽度。保持一颗开放的心，不断学习，求知若渴，我想，这是留学带给我最大的变化，也是最重要的收获。

一位老师曾说过，真理一万年以后也是真理，年轻的大学生们，一定要坚持真理。即使不能为真理而献身，也要为真理而坚守；即使不能为真理而坚守，也要默默为真理而祝福；即使不能为真理而祝福，那么也绝对不要为一己私利而反真理。这也是我如今一直的追求，绝知此事要躬行，求真务实，是大学赋予我的品格。

除此之外，大学还赋予我开放的眼界和创作的激情、纯真的友情，总结起来，只有两个字——成长。现在有很多人没进入大学校园，在高中甚至初中就辍学选择自己创业并取得了非凡的成就，所以就有更多人开始宣扬“大学无用论”，要知道任何成功都是有一定概率的。大学会让我们更具有内涵，更懂自己，更知道朝哪个方向努力。读大学或许不能使你收获成功，但它能让你成为一个有知识、懂道理、有内涵的人，它能让你拥有一个过渡的地方，可以做好充足的准备后再进入成人的世界里厮杀。它能让你掌握更多的知识，拥有更多的技能，让你拥有更高的起点与别人相争。它能够给你足够的力量与勇气，让你能够在今后的人生中不断前行。于是，我得到了一个结论，大学给你的力量，就是让你勇于改变自己，充实自己，让自己变得更好。

大学时代，曾经有缘见识道德学术臻于完美的大师的绝代风华，那种高山巍峨的道德庄严、气贯长虹的坦荡襟怀，让人心怀崇敬，一生追慕，人生境界不断升华。大学时代，承蒙各位恩师传道授业，方能在滚滚红尘之中，有追求、有小成、不迷失、不堕落。

有过大学经历的人生，才是幸运的人生。

我的成长与道路

罗 然

罗 然

作者简介

罗然，2006年从乌鲁木齐市第一中学考入中国农业大学国际学院广告与市场传媒专业。2009年获得本科学位，同年在苏格兰圣安德鲁斯大学攻读金融学研究生，于2010年获得硕士学位。毕业后在爱丁堡从事了一年通信设备零售工作，随后在格拉斯哥加入摩根士丹利，从事股票服务。2012年底，工作由英国调动回中国。目前职务为摩根士丹利风险管理副总裁，负责集团中国区业务操作风险管理，以及亚太区供应商风险管理。

2006年，父母送我来到北京。办理完报到手续，整理好宿舍，便是离别。傍晚闷热潮湿，天黑得很快。跟父母挥手，然后转过身匆忙前走，走进了大学。

我的本科学的是当时还称为中英项目的广告与市场传媒专业。新学期开始不久，国际学院通知选拔组建英语辩论队。我于忐忑中报了名。选拔分组那天，每个人随机抽题，十五分钟准备，之后上台立论。我看着手里的题目——“猫好还是狗好?”，呆坐在台下，大脑一片空白。时间催促着，我难以呼吸，听不清周围的声音，只听得见绝望。轮到我了。教室里的白炽灯透亮又灼热，无处躲藏。我努力张开嘴，复述了一遍题目，然后……陷入了漫长的安静。台下老师眼里写着遗憾。我失败了。冷板凳上的我，只能旁听辩论队训练，苦涩之余，感悟到输无所谓输，于是重燃斗志，积累练习，后来抓住替补上场的机会重新证明了自己。由此我学到了面对挫折的第一课。

在国际学院的两年新奇而充实，也收获了友谊与信心。青春洋溢，白驹过隙，转眼我就要收拾行囊，体验前往异国他乡的个中滋味。

2008年，我抵达英国。懵懂，疲倦，盖着羽绒服凑合过第一晚。故乡远在天边，夜色很凉。第二天一早，去城市中心的超市买牛奶，递给收银员大妈一张50英镑，她用惊恐的眼神看着我这个“外星人”，并呼叫了经理，一番我听不懂的对话过后，把零钱找给了我。

初来乍到，诸多不适，我感到窘迫，想躲在宿舍里，不用面对这种种应接不暇。得知学校为留学生提供免费心理咨询服务，便立即预约。咨询师是一位英国女士，气质沉着，我信任她，于是每周末和她分享我的见闻与困惑。经过三个月的咨询，我变得坦然了，也学会了自己走路。

本科毕业后我去了苏格兰读研。班上大约一半德国学生，一半中国学生，泾渭分明。我抱着开放的心态，却发现难以融入任何一边。罢了，走自己的路，并收获外号“独行侠”。加入学校乒乓球队，每周训练；跟着球队去其他城市参加比赛，我技不如人，但是队友们都宽慰我；后来我们并排坐在观众席，看着种子选手们“神仙打架”，一边喝彩一边欢笑。那年我还加入了学校的广播社，学习了节目制作，跟一个英国女生搭档，做每周一期的流行音乐直播节目。可刚做了几期我就出了岔子——那天节目开播前几分钟，我在调整歌曲顺序时，无意点错了键，导致整个系统黑屏，无法播放歌曲列表。当时录音室只有我和搭档，措手不及，而直播箭在弦上。搭档急中生智，找到一张圣诞歌曲CD交给我。于是我们做了一期莫名其妙的圣诞专题节目，尽管离圣诞还有一个月。

2010年末，我留在英国找工作。对于工作经验如白纸的我，并不容易。每天游荡在街道上，看着来来往往的人群，羡慕他们都有工作，而我的未来却模糊不清。几经尝试，终于一家英国数码产品零售商接受了我的申请。公司给我准备了火车票，让我前往总部培训一周。我坐在火车上，看着车窗外的午后阳光和景色变换，体会到了无比的幸福。可能这份工作在世俗看来并不光鲜，但对于我却意义非凡，终于可以在社会上自食其力了。

人生柳暗花明，步步为营。后来我去应聘金融机构，面对“五关六将”，用尽平生储备，终于鲤鱼跃龙门。仿佛过去的种种苦辣酸甜，都不可或缺。一路至今，能力或有局限，但求坦荡行事，与人为善。

时值我的母校中国农业大学国际学院成立25周年，写此短文纪念，共勉。

风雨兼程，走出自己的精彩

程俊铭

程俊铭

作者简介

程俊铭，男，1989年1月出生，安徽黄山人。2007年就读于中国农业大学国际学院会计与金融专业。2009年起就读于英国普利茅斯大学，从普利茅斯大学毕业后，到萨里大学攻读国际金融硕士。2013年入职华为，历任机关产品线财务代表，哥斯达黎加项目财务leader，两圭预算经理（巴拉圭和乌拉圭），目前在拉美地区部任职两圭作战CFO。

畅想当年，大学青春在教官的立正声中开始了。在国际学院的生活，紧凑而充实，让一个刚刚迈出高中的懵懂少年，迅速地得到超前教育理念、国际化教育模式、先进课程体系的洗礼，紧张而收获满满。

首先，这种国际化的教育模式，有更多的机会从富有海外经验的外教和师哥师姐亲身经历中，学习和了解西方国家的工作生活信息，开阔视野，让我对自己未来努力的方向有了初步的认知。在学院，你能听到很多这样的案例：某位学姐或学长在异国他乡依托这种国际化教育模式，通过个人奋斗，获得了精彩的人生经历。在国际学院的学习中，我被这种"努力走出人生精彩"的氛围所浸染，让我相信这样的人生也将会因此更完整，更充满回忆。

其次，在国际学院的学习中，从个人角度，我觉得，对我后来影响更大的，不是知识的收获，是对自我的认知，对集体的认知。国际化教育模式是一种紧凑、节奏快，但又对个人管理较松散的教育模式，更多地依靠自觉，更多地依靠 team work。因此比学习更重要的前提是，学会认识自我。这样，你才能更好地参与到团队中。学会不论什么样的环境，和自己的团队融洽相处的技能，对于提升个人的团队贡献和学习氛围是至关重要的。因为国际化教育更多倾向于个人的表达，而表达的基础是思考和认知，学会倾听，学会思考，学会从倾听和思考中认知。这种收获，对我养成积极乐观，适应力强的性格，受益匪浅。

目前虽已离校多年，但忆往昔，这些收获对后来的职业发展起到了至关重要的作用。学校毕业后，顺利入职了深圳华为，这是一家在我入职时，拥有超过 15 万兄弟姐妹的全球化公司。

回想起来，我刚入职时，进入集团财经，报到之后就被作为重点培养生送往贵州实践，历经四个月的磨砺。当时作为一个应届生，我怀着忐忑的心情来到了贵州。先是饮食不适应，贵州气候潮湿，太阳直晒比较严重，贵州人喜欢吃辣。接着，人生地不熟，对一起工作的同事和合作方都完全不了解。还没过一个礼拜，我就被晒黑，肚子经常不舒服。但即使是这样，也要跟着合作方和项目组翻山越岭，上基站。贵州山多，常常要爬山。刚开始时，也想过放弃，但在工作磨合中，我逐渐发现很多同事的优点。虽然工作环境比较艰苦，但是作为一个团队，我们的团队氛围一直很好，总是会苦中作乐。不精彩的人生是不完整的。我从贵州回到深圳之后，在总部历练一年后，被外派到了拉美，在多个国家支持业务，从一个普通的财务新员工，经过数年多个岗位的历练，快速成长为了国家CFO。中间也经历过工作上的困难，比如努力做了某件工作，但结果一直未改善，但我觉得不论达成最终目标的过程多么困难，只要我一直努力去做，就会有结果，哪怕结果不尽人意，我也无愧于心。就算经历不同的岗位，面对不断变化的工作环境和团队，我也未曾服输。

其实人就是要尝试在不同的环境中，磨砺自己，这样才能不断认识自我，也能够学会欣赏他人。不管在什么环境，在什么国家，每个人都有自己的优点和缺点，学会调整心态，建立好的团队氛围，不仅是海外工作必需的，也是人生的必修课。在华为，工作调动相对频繁，学会不管在什么样的环境下，与自己的团队同事融洽相处，对于提升个人的工作幸福感和团队的工作效率氛围都是很有帮助的。回想起来，这是在国际学院生活学习的收获，对我走入竞争激烈的职场发挥了相当重要的作用。

未来的路注定是坎坷的，一路走来，我会一如既往地把梦想带到新的土地和岗位上，不管前路多少风雨，既然选择了远方，便只顾风雨兼程！与所有的国际学院师长、兄弟姐妹共勉！

那些年，那些事

蔡 然

蔡 然

作者简介

蔡然，2012 年毕业于中国农业大学和美国科罗拉多大学经济学专业，2013 年获得美国特拉华大学金融学硕士学位。曾在美国地产金融行业工作四年，就职于美国 Rosen Partners 公司地产板块，任职投资分析师，专注于住宅、长租公寓、酒店等领域。在美期间，参与创立 Asian Financial Society 地产委员会并获得协会授予的“2016—2017 年度最佳贡献”称号，发起成立中国农业大学大纽约地区校友会并担任副会长兼秘书长，作为 American Jewish Congress 中国事务代表参加全球市长大会，促进跨国投资和商务交流。现就职于国开金融城镇化板块，任职高级投资经理，业务主要涉及城市更新、住房租赁、产业地产等领域。

ICB 初来乍到

也许正是因为名字里有个“然”字，从小便习惯了顺其自然，家里人也没有给我施加任何压力。十八岁之前，一路走来，上着还不错的学校，考着中等偏上的成绩，“学霸”这个词一直跟我没什么关系。十八岁那年，离开家，幸运地来到国际学院就读经济学。大一、大二是开始接触“西方文化+融入东方传统校园文化”的两年。一方面是教学体系西方化，或许是学院老师风趣幽默的教学风格、全英文授课的魔力，又或许是可以学到从传播学到人类学多元化的课程，上了大学，我反而有了更强的求知欲望和学习主动性。另一方面是大环境东方化，大一开始，我便同其他学院学生一样，参与校内社团组织，申请成为助教并且积极申请入党。两年后，有机会到美国交换，不得不说国内两年的外教文化和课制安排为之后海外求学生活打下了坚实的基础。通过多听、多写、多交流、多参加校园和志愿者活动，我在语言表达上渐渐找到了门路，同时由于国内两年的积累和努力以及凭借中国学生数理方面的先天优势，学习上也更加得心应手，反而成了别人眼中的“学霸”，最终以主修经济学、辅修数学，GPA 3.9 以上的成绩顺利毕业。

站在十字路口

后来，在攻读金融硕士研究生学位期间，我也对未来的职业发展方向，以及毕业后是直接回国，还是争取留在美国工作一段时间迷茫过。幸运的是，毕业前的一次偶然机会，我认识了美国犹太领袖罗森先生，并抱着试试看的心态，得到了在罗森家族地产投资公司的实习机会。其实，之前我从未想过会进入地产领域，以为选择了这条路就意味着偏离了传统意义上的金融轨道，但其实不然，后来发现金融知识只是一把利剑，重要的是看持剑人剑指何方和怎样将剑法发挥到极致。在实习期间，我发掘了不少地产与金融结合的乐趣，也找到了自己的定位和价值，后来公司主动为我提供了工作签证，便顺理成章地留了下来。现在回想起来，如果当时直接回国，好处是可以更早地适应国内生活和工作环境，占据一席之地；但继续留在美国，则多了一份体验，感受到了纽约的别样生活。

体验多样人生

刚到纽约的时候，每天都以工作为重心，两点一线，也就是从那时起，我的腰椎和颈椎常常酸痛，所以想提醒初入职场的校友们，一定要引以为戒，多注意劳逸结合，毕竟身体是革命的本钱。另外，切忌在工作中遇到疑惑时，担心问题简单而不好意思开口。要知道，工作前期基础没有打牢，反而会为日后徒增烦恼，况且你能想到的问题不一定在别人眼里不值一提，也许在思想碰撞中还能拉近与同事间的距离，让你更好地融入公司。这样的日子持续了半年多，工作起来越来越得心应手，我开始有更多的时间和精力去挖掘兴趣爱好，尝试去做不一样的事情。

机缘巧合之下，我与背景各不相同但有共同理念的小伙伴开启了电子商贸创业之旅，虽然是副业，但丝毫没有减少我的热情。此外，我发现在纽约的农大小伙伴们并没有一个很有效的沟通渠道，便与几位校友商量发起设立了中国农业大学大纽约地区校友会，一年内校友人数从 15 位增至 200 多位，并得到时任中国农业大学校长柯炳生教授亲自授旗。为了确保校友会合法合规，我们在美国申请注册了 501（c）非营利组织，并受邀加入了中国高校北美校友会联盟，在为农大校友提升归属感的同时，也为校友职场发展、学术研究、创业等方面提供了更大的资源共享平台。每一次得到校友的认可，都深感我们的工作没有白费。转眼间，已经在纽约工作近三年，为了增加自身对行业认知的深度和广度，同时丰富行业资源，我开始参与到与地产和金融相关的活动中，也正是因为一份热情和活动组织经验，有机会参与创立了亚洲金融协会地产委员会，并得到协会认可，获得了亚洲金融协会“2016—2017 年度最佳贡献”称号。

在纽约的四年发生了太多难以褪色的事情，就不一一列举了。总结起来就是，无论身在何处，都一定要多尝试、多思考，跳出自己的舒适圈，只要是能想到的，就没有什么做不到的。

人生没有白走的路，每一步都算数

由于个人原因，2017 年我决定回京。幸运的是，回国后仍可以做自己喜欢的事情，我的地产金融路仍在延续。北京和纽约一样有着忙碌的人们，有着几乎一样的硬件条件，不同的是，在纽约工作是为了更好地生活，在北京生活是为了更好地工作。正因如此，国内工作的担子越重，成长得会越快，更能体会到什么是生命不息，奋斗不止。

最后，我想分享的是，人生走的每一段路，做的每一个选择，经历的每一件事，遇见的每一个人，都有它的价值。只要你是有心人，只需要抓住良机，之前的种种经历和积累，会不断形成合力，终将让你成为自己想要的样子。

我与国际学院

王梦洁

王梦洁

作者简介

王梦洁，2010 年入学，中国农业大学国际学院农林经济管理专业学生，2015 年毕业。2013 年通过学校联合培养项目进入俄克拉荷马大学交换学习。2018 年研究生毕业于墨尔本皇家理工大学。环球旅行 50 多个国家。曾在戴姆勒、埃森哲等公司实习。毕业后就职于安永中国北京所（税务部门）。现定居于澳大利亚墨尔本，从事财务类工作。

十年白驹过隙，3 月 10 日生日那天，不禁回想起青春的过往，站在正好 27 岁的点上，与国际学院相识的故事已经快九年了。那是我青春真正开始的地方，是一个我与世界开始建立联系的连接点。

国际学院是一个中国大学教育下的大胆尝试，它是中西方教育的一个融合，这种新的尝试，让我既感受到了中国大学教育的特征，也感受到了融合了西方教育的模式的不同。两年在国际学院的生活让我有了许多机会和选择，这些机会有些来自农大，有些来自“果园”（“果园”是国际学院学生对其的昵称，取“国院”的谐音）。以农大为平台加入了 AIESEC 组织，去埃及做了志愿者；参加了“果园”组织的职场挑战赛；“果园”每年还会组织万圣节和圣诞节的活动。在“果园”的两年，知道了中国大学生的学习、生活、考试，也了解了美国的教育体系，同时也为后来去美国的学习打下了很好的基础。这些了解和经历对我来讲都是弥足珍贵的，使我在后来的生活中可以更公正和平和地审视自己，了解自己真正所需、所想，而不会有失偏颇地批判或评价。

在“果园”的两年生活，也让我结识了一直相伴走到现在的挚友们，认识了很多优秀的伙伴，大家相互鼓励，相互督促，共同进步。虽然大家毕业后奔赴不同的国家和学校学习、工作，分散在这世界的各个地方，但大家之间的联系和情谊从未断过。结束了在国际学院的两年学习后，我成了“果园”去俄克拉荷马州立大学交流学习的第一人。现在想起来都觉得当时的选择真的是充满了“无畏者精神”，有时觉得人生的一个选择可能会改变很多，改变你遇见的人，发生的故事。再后来我又有机会从美国去法国做了交换生，并在 2015 年完成了旅行 50 国的计划。所有故事的铺开都源于国际学院，虽然期间很多事自己做得不够好，不够细致，但国际学院始终是我和世界建立联系的开始，给我机会慢慢开始看世界。后来有机会回到“果园”给俄克拉荷马项目的同学分享我的经历和故事，而在那之后，我收到了两个学弟、学妹的消息，说他们因为听了我的分享也开始行在路上，去旅行，研究如何申请做交换生。这不禁让我想起我刚进入“果园”那天的开学典礼，学院请了一个从英国读书后返回，后就职于“四大”的学姐。这位学姐把她的“果园”

经历、她的故事以及所思所想与大家分享。她的讲述给了我很多启迪和引导，使我刚进入大学就觉得，“果园”必会是让故事精彩的地方。每一届的“果园人”都有机会分享自己的故事，把它讲给新的“果园人”听，使大家从中寻找到力量。

如果可以对过去的自己说些什么，那就是，不要着急，一步步走，你会走到你想要的结点，把自己变得更优秀。人生的故事很长，不要太冒进，也不要故步自封。正确地认识自己，感知自己，不可事事为，不必不违世事。

我对“果园”始终有许多感谢之情，希望“果园”越办越好，希望每一个“果园”的校友都拥有美好而自己满意的未来。

想念我的老师和同学们

李佳瑞

李佳瑞

作者简介

李佳瑞，毕业于中国农业大学国际学院2011级中美项目。在国际学院开放与支持的环境下，2013年申请了中国农业大学和马里兰大学的合作项目，并于2015年本科毕业。完成了本科学业后，在2015年进入伊利诺伊大学农业与消费经济学院的博士项目就读，预计2021年博士毕业。

回想起在国际学院的时光，给我印象最深刻的就是与同学和老师的相处。他们给予了我很多帮助、支持，还有鼓励，让我拥有了一段关于大学生活的美好回忆。

记得刚入学的时候，新的学习还有生活环境都让我感到陌生与不适应。幸运的是，我遇到了一群热爱知识、充满正能量的同学。我们会一起在课前预习新的课程，针对不理解的知识点展开讨论。记得刚入学的时候，对于全英文教学的环境，以及每堂课和外籍老师大量的互动，都让我和舍友们觉得不太适应。但我们没有气馁，我们商量出来一套学习方法，这不仅让我们开始慢慢适应全英文的授课环境，而且也在很短的时间内得到了积极的反馈。第一步是课前预习，这一步可以让我们对第二天要学习的内容有一个大概了解，也可以知道自己需要对哪一部分的内容，在课堂上投入更高的精力去理解。第二步就是在课堂上要专心，多与老师开展互动。国际学院的老师非常认真负责，他们会在教材以外，向学生提出很多自己的见解和解释。跟老师互动不仅可以保持课堂注意力，还让我们对知识有更深一层的了解。第三步就是要参与课后答疑。老师们总是尽力给学生提供帮助和支持。一般情况下，他们每周会提供两个一对一的答疑时间。我们的课堂规模相对较小，老师其实有很大的兴趣去了解、认识他的每一个学生。我们带着问题去找老师，老师不仅解答了我们的疑惑，也在无形中向我们提供了继续求知的动力，最重要的一点，是拉近了我们和老师之间的距离。正是在与老师的相处中，我们体会到了亦师亦友的感觉，也在这些优秀老师的影响下，发现了学习与探索的乐趣，无形中影响了我未来发展的选择。

同样，我也收获了很多来自于老师的帮助。这些帮助不仅体现在知识上的授予，更多的还有对于我生活以及未来发展的指引。大二的时候，我决定参加农大与马里兰大学的联合培养项目的申请。在申请的过程中，烦琐的申请流程和学业上的压力，让我一度对自己的能力感到不自信并产生了放弃的念头。在一次和王宁老师的交流中，我向她诉说了自己的困境。王宁老师非常耐心地听完我的担忧后，给予了我鼓励，让我重新肯定了自己的能力。之后，她向我指出参加这个项目会对我以后的个人发展带来哪些影响和作用。

在她的分析下，我得以理性、客观地看待这个问题，并且有了继续向其努力的信心，最后成功申请赴马里兰大学交流学习。同样，从任课老师那里，我也收获了很多珍贵的帮助和支持。国院的一大优势在于，很多老师直接来自于国际学院合作的美方院校，对美国的教育系统有着很彻底的见解。在与他们交流的过程中，他们会与我分享他们个人的求学经历，他们遇到的挫折困难，以及他们作为过来人是怎么寻求帮助并克服困难解决问题的。除此之外，他们还分享给我在美国的学习和生活经验等。这些不是夸夸其谈，而是具体的、有着自己体会的实例，他们在一定意义上让我对出国留学有了更深的认识，也帮助我少走了不少弯路。

诸如此般的例子还有很多，老师们的帮助，使我在国际学院的两年期间，在这个最重要的塑造个人价值观、世界观的阶段中，得到了正面的、积极的指引，并一直影响我至今。

感谢所有帮助过、指导过我的老师们!

国院记事随笔

李　众

李　众

作者简介

李众，山东人，2011 年进入中国农业大学国际学院学习，获中国农业大学经济学学士学位，科罗拉多大学经济学学士学位（一等荣誉学位），本科学位论文“中国户口政策对城乡经济发展水平差距的影响”已在北京、东京、首尔、华盛顿等地举办的多个国际会议上发表。研究生就读于乔治华盛顿大学艾略特国际关系学院国际贸易与投资政策专业。在学习期间，参与了 IMF 对“中国经济发展速度放缓对拉丁美洲经济发展的影响”的研究课题；此外，曾在多个机构工作、实习，包括比尔和梅琳达盖茨基金会、中信证券、民生银行等。除了娴熟应用英语之外，还学习了韩语（中级）、西班牙语（初级）等外语。现任中国农业科学院海外农业研究中心助理研究员，主要工作领域为国际合作与交流，自 2018 年加入海外农业研究中心以来，已参与多项国际合作项目，如国际农发基金南南合作项目，联合国粮农组织绿色农业发展项目，亚洲建设银行农业科技项目等。2018 年，被任命为全球农业发展青年论坛（YPARD）中国代表，负责 YPARD 中国办公室的具体工作，参与 YPARD 亚太地区及全球办公室的发展事宜。

正值迎接国际学院 25 周年庆，回忆起在国际学院（ICB）的一些时光，分享我在 ICB 的经历。思绪跳跃，想到哪儿，也就写到哪儿。

初识 ICB

2011 年高考，想想都已经是八年前的事情了。我的成绩还算可以，受家里影响，高考志愿都是倾向于北京的学校。根据爸妈朋友的推荐，打电话咨询了国际学院的一些情况。后来，也如愿来到了国际学院。

2011 年秋，我 17 岁，开始离家求学。觉得大学里的一切都特别新鲜，充满自由的气息。宿舍六个同学，四个北京人，一个内蒙古人，还有我——山东人。也没有特别的寒暄，就很自然地熟络起来。论年龄排辈好像是每个大学宿舍的传统，我排名最末，被“亲切地”叫作“小××”。就在前些天，跟同宿舍的几个室友吃饭，依然同样的称呼，虽然哭笑不得，但倍感亲切。

来到国际学院之后，第一次体验全英文授课，感觉很新奇，上课氛围非常好，老师跟同学们交流很多，但对我来说，第一节课全程都是半懂不懂，一句话听不全的状态。听着其他同学跟老师的互动，看到了自己的差距。作为“正规应试教育”调教出的学生，英语口语、听力自然就是被牺牲的对象了。但也好在我当时还保留着一点山东学生的拼劲，主动跟老师和留学生交流，让他们帮忙随时纠正我的发音和语法，逐渐也能跟上了上课的节奏，也为后来去丹佛留学打下了很好的基础。

走进 ICB

ICB 两年加上丹佛两年，遇到了很多对我帮助很大的老师。例如，Steven Beckman，Soojae Moon 等。印象最深的老师之一是在国际学院遇到的第一个外教，Deborah Burgess，教我们 Communication。Deborah Burgess 是一位非常严厉的老师，但也是让我受益最多的老师。每学期要做 1～2 个 Presentation，有个人的，也有小组的，这也是在高中时期从来没接触过的东西。Deborah Burgess 对我们做 Presentation 的要求也非常多。例如，必须要穿带领子的衣服，衣服、鞋子上不能有铆钉之类的特别奇怪的装饰，不能遮住耳朵，女生不能戴夸张的耳环，不能穿太鲜艳的衣服……总之，你穿着国际学院的院服——正装就对了，以至于到目前为止，所有的 Presentation 也都必须穿正装，因为 Deborah Burgess 常说要尊重听你演讲的人。演讲的时候不能看稿子，不能读 PPT，演讲要有创意，要和观众有互动。所以我们班基本上每一次 Presentation 都要提前准备排练一个多月。有的组还拍了视频，有的编了小戏剧，等等。大一过去之后，常用一句话安慰自己："Deborah Burgess 的课都熬过来了，其他还有什么好怕的！"更重要的是，从 Deborah 课上养成的习惯，让我在以后所有的 Presentation 中都很受益。

另外一位对我帮助很大的老师，是科罗拉多大学（丹佛）文理学院的助理院长，是美国科罗拉多大学（丹佛）主要负责国际学院项目的张老师。由于大四就只剩下了很少的课程，我想在学校找个工作。当时给张老师写了一封邮件，表达了想找工作的愿望，问她可不可以帮忙推荐一下。张老师很快就回复了，说她的助理刚好毕业离开，需要再找一个人顶班。就这样我在 2014 年开始做张老师的助理，处理一些选课、组织活动之类的事情。在科罗拉多大学（丹佛）院长办公室工作并不像想象中的那么拘束和严肃。三位院长都特别和蔼，时常会带一些甜食、咖啡跟大家一起分享。张老师从 2008 年开始主要负责国际学院的项目，从当时只有一个去科罗拉多交换的学生，到我们这一届的 100 多个，张老师见证了国际学院的整个成长过程。每次 ICB Club 举办活动的时候，张老师都嘱咐说不用担心经费问题，一定要把活动办好，让同学们都来参加。对我个人来说，张老师亦师亦友。张老师给我提供了很多提高自己能力的机会和一些生活、学习上的建议。最后一个学期，我申请了荣誉学位，和 Laura Argys 教授做了一个研究项目，为了平衡学习和工作，张老师尽可能地为我提供便利，也在我做研究经历低谷期时不断开导我，给了我极大的鼓励。每次回国，碰巧张老师也在国内的时候，张老师都会给我发信息，让我组织一些老同学见面，吃个饭，聊一聊最近的生活，回忆回忆以前的日子。时间过得很快，张老师也逐渐卸下了国际学院的担子，虽然不舍，但同时也觉得张老师为国际学院奉献得已经很多了，两地工作真的非常辛苦，也应该换一种生活方式了。

感恩 ICB

对我来说，国际学院给予的远远不是一个出国的平台，更多的是结识了一群朋友。由于国际学院每个班的人数较少，课程也主要以小班授课为主，大一、大二基本上上的都是必修课，所以同学之间比较熟悉。另外，对于大多数去丹佛的同学来说，也是第一次出国上学。异国他乡的同甘共苦，更容易建立起深厚的革命友情。即使毕业了，去到其他城市，还是跟 ICB 的同学最聊得来。每次回国也是和国际学院的小伙伴们约各种饭局，见到许久不见的同学还是感到非常亲切。记得在华盛顿读研究生的第一年，在学姐所在公司主办的华盛顿华语电影节做志愿者，ICB 的学长学姐几乎撑起了整个团队，着实感到 ICB 的强大。现在，ICB 越来越得到国内的认可，身边也有很多人在咨询报考国际学院的事情。ICB 的毕业生也散布在世界各地，各个领域，校友力量不断壮大。作为国际学院的毕业生，还是感到十分自豪的。

国际化教育对我之影响

马闻铎

马闻铎

作者简介

马闻铎，2010 年进入中国农业大学国际学院经济学专业学习，之后前往美国俄克拉荷马州立大学完成本科学业，并留校攻读国际经济学硕士。在美国留学期间，担任国际学生学者办公室的学生助理，中国学生会财务主管等，帮助新生群体快速融入美国校园生活，协助开展中美双方合作项目等。于 2018 年回国，在安永（中国）企业咨询有限公司担任咨询顾问。

在每个新年之际，我都十分期待能在信报箱中收到一本来自国际学院的新年日历，因为每每翻开这本日历，看着熟悉的校园，看着老师与教授真挚的话语，看着学院日新月异的发展与变化，脑海中总是让那人那景都逐渐清晰明朗。从2010年踏入中国农业大学，成为国际学院的一名学生，开始我国际教育的征途，这是我青春开始的篇章。

从高中走向大学，一切都是充满期待的。我迫不及待地想要去看看大学的自由，迫不及待地想去见见新朋友，迫不及待地想去学学新知识 。国际学院的课程都是全英文授课，从专业课到“环境科学”还有“文化交流”，突出通识教育的人才培养方案，让刚上大学的我感到非常新奇。我记得，在Communication课上，教授刚上课布置了一个期末作业，是10分钟的自我介绍，内容需要包括自己的兴趣、家庭以及未来的职业方向和原因。对于刚刚上大学的我听到这样一项作业，其实还是有些头大的，因为我并没有很明确的职业规划，甚至想通过上网找到一个快速而简单的答案。之后，教授补充到，大家不要着急，职业规划不是最终的结果，只希望大家能通过大学的第一个学期找到自己的方向，而不是在迷茫中度过。所以在这一项作业中，我开始思考我想在大学期间获得什么知识、想去体验什么事情，我真正感兴趣的又是哪些，哪些领域是我想要为之奋斗和努力的。但是，如果只有启发性提议，而没有实际性行动，一切都是空口之言。在国际学院，无论是圣诞晚会，还是专家讲座，抑或是农大校级活动，都为学生提供了参与的机会。通过参与组织主题活动，尝试着丢掉害羞紧张的包袱，去与更多人交流，感受着不同想法的碰撞。在学院提供的课程中，努力去掌握新的知识，在各类课程中获得更多的养分。短短一个学期，收获多多，也没有忘记要找寻方向。我记得在学期期末，在Communication课上，在我的自我介绍中讲到，可能我想在金融领域中工作，但很可惜我并不知道具体职位是什么，因为我还想经历更多去明确日后的选择。

从中国北京走向美国俄克拉荷马州，一切都是陌生而有趣的。多亏在国际学院的全英文教学环境，让我在美国的学习中多了一份适从，也多了一份时间去培养爱好，我爱上了美国橄榄球比赛。在这份爱好中，让我深刻感受到，人生永远没有准备好的那一刻，因为你永远都不知道你将要面对的是什么，我们所能做的不过就是，做到最好，而不是后悔没有付出。俄克拉荷马州立大学是橄榄球的传统强校。2017年的秋季，我们以为迎来了学校近几年最优秀最成熟的Football Team，因为学校橄榄球队有响当当的明星球员和梦幻组合，球队的配置让人恍惚觉得我们已然打造出了一支完美的梦之队。他们有配合，有精准，有经验，有天赋，拥有所有夺冠的必须性，2017年的全国冠军或者联赛冠军似乎已在囊中，只待放手一搏了。但是，所有的跌宕起伏，都是发生在一瞬间，还没有回过神，就发现我们离那最美好的梦境已相隔很远。因为有时，我们只是放大了优点，而忽视了缺点。我们忘了我们球队的不稳定性和不确定性，我们忘了对手其实也在努力，甚至比我们加倍努力，我们忘了在这夺冠之路上的荆棘和须弥，只是陶醉在了自己的仅有所长之中，有些可悲、有些可惜。我记得在赛季开赛前，拿到了一颗Fortune Cookie，里面写着你的球队今年会很成功，我如获至宝地把它放在钱夹里，保佑着期许着，希望真的能如此顺利，但是事实却恰恰相反。我不想去否定我的期望，但是这一次让我更加明白，成功其实蕴含了很多因素，最重要的要拥有决定强大的实力，但也是运气、机会、偏好等主观和客观因素相互交叉、混杂决定的。唯一我们可控的就是做到极致，靠自己的努力去做到最好，而不是在每次结束后的懊悔和悔恨中度过。

记得在我即将完成研究生学业时，无论是想到国内的读书经历或是在美的留学时光，我总会热泪盈眶，我很难想象，如果真的告别校园，我会怎样的不舍和难过。不过我还是选择继续充满期待地前行，我每次怀着这可能是最后一次的心情去经历感受校园生活的每一天、每一件事，我想去一一记住，我想要拼命地印在我的记忆中，不要忘记。在将近七年的求学生涯中，从18岁的青涩，到25岁的从容，每当我尝试回忆发生在这几年国际化的经历时，我的脑海中只有一些碎片式的记忆，一句话，一件事，一个日期，一个人……我无法完整描述这几年的往事，我只能说一切都还不错，的确有了些长进，有了些不可磨灭的热血和真诚，也有了些许的期待和对未来的规划，只待在往后的每一天中继续稳步前行。

感谢国际学院的诚心栽培，感谢所有教师的温情关怀，祝国际学院 25 周年生日快乐！

追忆似水年华

——国院里的青春与梦想

权 利

权 利

作者简介

权利，2011 年进入中国农业大学国际学院经济学专业学习，2015 年毕业，本科学习期间曾荣获国家奖学金、校长奖学金、全国大学生英语竞赛特等奖等多项奖励和三好学生、中国农业大学优秀毕业生等荣誉称号。毕业后推免至北京大学攻读经济学硕士学位，2018 年夏季研究生毕业。目前就职于中国农业银行总行。

从 2011 年 9 月到国际学院求学至今，已经过去了七年多的时间，我也从当初懵懂无知的“小鲜肉”成长为初入职场的“社会人”。感谢国际学院在我高等教育的启蒙阶段——大学时代为我提供的充足养分，让我能够在沃土与甘霖中茁壮成长，成为一个人格健全、品学兼优、对社会有益的人。是学院培养了我自律的品格与自强的精神，使我在这几年的求学生涯中能够一直热情满满、坚定不移地向着心中的目标不懈奋斗。如果用一个字来形容我在学院的日子，那便是“燃”。那些纵情燃烧的青春岁月，为理想奔波的日日夜夜，沉淀为青葱岁月里最美好的回忆。转眼从母校毕业已经三年多了，学院也即将迎来她的 25 周岁生日，值此佳机，记录下与她相伴的一些点滴，品一品回忆里的无穷韵味。

初识国际学院，感受到的是她的高度国际化，教授们一丝不苟的教学态度和繁重的学业任务。大学四年我过得十分充实，一直处于一种斗志昂扬的状态中，这得益于老师严谨的治学态度和对学生的严格要求。我感到十分幸运，在大学求知生涯的初始，学院老师就给我们上了如此重要的一课——学会自律与自强。这种对自己负责任、对心中理想孜孜以求的态度指引着我在以后的学习和工作中始终保持一颗敬畏的心，让我明白，唯有带着自律与自强前行，方能在一个领域、一份职业中做出自己的精彩。在学院练就的过硬英语应用本领，也为研究生阶段的学习研究和工作中的业务开展打下了坚实的语言基础。

国际学院四年的生活可以用“累并快乐着”来形容。课业紧张的时候，时常被各种 assignment 压得喘不过气，幸而学院的课余生活是丰富多彩的。犹记得学院楼里一层大厅的咖啡馆，我曾有幸见证了她的成立与发展，走廊里弥漫的浓浓咖啡香气足以点亮一天的好心情。犹记得教授们把自己做的爱心蛋糕和点心带到办公室，在 office hour 与同学们分享美味，整个楼里充满了欢声笑语，洋溢着满满的幸福。犹记得秋季学期末尾、圣诞节来临前的圣诞晚会，舞台上的同学们尽情散发光彩与魅力，舞台下的师生热烈响应，用掌声和欢呼尽情释放一学期的心情与压力，以满满的仪式感迎接崭新的圣诞节和小学期。每每回忆至此，都为自己能在学院体验到这美好的一切而心生感激。

国际学院这个集体十分优秀和团结，同窗好友们都非常热情友好，即使毕业之后各奔东西，散落在世界的各个角落，我们仍会在佳节里收到彼此温馨的问候、亲切的打趣。聚似一团火，散作满天星，我们带着学院传授的宝贵知识、培养的坚毅品格，奋斗在各项事业的前线，为祖国和世界贡献智慧、创造价值。无论在哪，无论何时，我们的心都与学院紧紧相连，都时刻牵挂着学院的动态和发展，因为那里是我们的家，是哺育了、包容了、成就了我们的地方。

我与学院同岁，学院在成长，我也在成长，而曾有幸陪伴学院共同成长四年，是最令我骄傲和幸福的事。有时很羡慕校园里的一草一木，学生一届届在更替，而草木却得以长久地陪伴着母校，在校园中沐浴着阳光雨露。我会一直关注母校、关注学院，关注校园里的一切，也会常回家看看！

衷心祝愿亲爱的国际学院越来越好，25周岁生日快乐！

自由的国院，不设限的人生

李佳璐

李佳璐

作者简介

李佳璐，内蒙古人，2012—2014 年就读于中国农业大学国际学院国际金融实验班，在校期间荣获第四届国际学院职场精英挑战赛总冠军及销售冠军。之后赴合作院校英国普利茅斯大学完成本科学习，并在英国布里斯托大学取得金融与投资硕士学位。2016 年被评为中国农业大学优秀毕业生。现就职于联合国秘书处总部纽约，负责信息系统项目执行的相关工作。

直到2012年高考之后报考大学志愿时，我才意识到，我可能有机会出国留学。在此之前，我从未有过任何出国留学的想法。内蒙古相对来说比较偏远，出国留学这件事并没有像北京、上海那么普遍。高考一个月后在中国农业大学参加国际学院的英文考试，我才慢慢觉得，这可能是我以后的大学了。

可能是由于父母都从事教育行业的关系，他们对我的学业非常认真负责，内蒙古是在高考成绩出来之后在线填报志愿的。父母为我选了很多学校，把中国农业大学这所位于北京的985高校列为首选。很幸运，我最终来到了这里。也是在来到这里那一刻，我就明白，我和大多数的农大学子不同，只在这个美丽、惬意的校园生活了两年，之后便会去英国继续完成学业。也是从那时起，我就对这个地方多了一分珍惜，想要多做一些事，努力过好每一天。

国际学院在学校里是一个独特的存在，这里的课程、师资、各种活动，都给了我们许多不同的视角，不同的体验，也确确实实让我们有了更广阔的国际视野。从传统高中到全英文授课，入学时也是有不适应的。但是老师们都非常耐心，加上英文听、说、读、写练习课的轮番轰炸，不知不觉我们就可以流畅地进行英文对话了。

国际学院的每位老师都有独特的，令人印象深刻的优秀品质。他们中有的讲课风趣，有的擅长鼓舞启发，在他们的引导下，学生们也渐渐找到了自己的专业方向和人生方向。我们的班主任刘畅老师非常认真负责，除了教授我们专业课的知识以外，也十分关注我们的生活和学习，常常嘘寒问暖，对我们关爱有加，无私帮助。

其中有一位英文写作老师，是来自英国的Matthew O'Brien，让我记忆犹新。我在大二即将去往英国合作院校前，向他说起我对未来的迷茫和担心。他鼓励我说，不要担心，不要给自己设限，想做的事情就努力去做，不想做也可以随时调整方向，只需脚踏实地，勇敢前行。老师的一番话令当时的我轻松了许多，我也不再为自己的未来有过多的担忧。另一位我非常喜欢的老师，是美国人Alicia Noel，她给我们介绍了很多国际贸易、跨文化交流的知识。时至今日，我依然觉得受益颇深。她也常常分享一些英文活动的志愿者机会给我们，在她的介绍之下，我有幸为几个大型活动做志愿者，在这些活动中，得以继续扩展视野，认识新朋友，提高英文能力，了解大学校园之外的精彩。

学院除了扎实我们的专业知识外，还鼓励我们去实践和参与。在农大期间，我加入了学校的创行（Enactus）社团，这个 1975 年成立于美国的国际大学生组织，致力于用企业家精神让学生助力社区发展，帮扶弱势人群找到谋生之道。在这个近百人的学生社团中，我认识了来自各个学院的挚友。大家专业、背景不同，却有相似的兴趣，也都想要帮助更多人。在与他们的共事中，我也有机会看到北京郊区务工女性在生活边缘的挣扎，自闭症儿童复健中心所面临的困境，我们也付诸行动，与他们合作，努力创造更好的生活。社团的经历让我学会了协调、合作、自我约束和时间管理，也收获了一起奋斗的友谊，更给了我许多关于社会、关于如何更好地帮助别人的思考，现在看来，这些难得的经历对我的职业选择有着极其深刻的影响。

2014 年春天，学院发出了第四届国际学院职场精英挑战赛的报名通知，我从未参加过类似的比赛，觉得很感兴趣，于是报名准备一试。然后开始初赛，当时有单独面试，也有小组面试。复赛也很有趣，售卖国际学院咖啡屋的咖啡代金券。当时微信上还不流行打广告、卖东西，记得我发朋友圈，也发私信推广，班上和社团的小伙伴们、老师们都很给力，没想到最后卖出了 1 400 多元的代金券，成了当时的销售冠军。我深受鼓舞，在总决赛时也好好准备了一番。总决赛的题目是让大家做一个未来职业发展规划的展示。这可愁坏了我，因为大二的我真的不知道自己以后会干什么。思来想去，我最终决定说我想说的。我的专业是金融，希望以后可以做相关工作；同时，我也对人力资源非常感兴趣，喜欢与人交流；再同时，我也很喜欢做志愿者，想在不同的活动中获得不同的体验。我觉得这些是我都想做的，它们之间并不是互不相容的关系，而是相辅相成，让我变成了一个更好、更完整的人。就这样，经过激烈的角逐，我赢得了当时比赛的总冠军，也更给自己多了几分信心和坚定。

成长是一个循序渐进的过程，从用英语战战兢兢地做第一个课堂展示，到后来可以在校园的草地音乐节独唱《海阔天空》，再到在曾宪梓报告厅的吉他弹唱，创行大赛北京赛区的项目展示……渐渐地，国际学院让我长成了一个自信、勇敢的大人。

还清晰记得离开农大、国院时的不舍，熟悉的伙伴和校园、远近闻名的北京第一食堂美食、校内外丰富有趣的活动，这些都让我十分留恋。但也正是一路上的越挫越勇，在国际学院打下的良好的专业基础、英语能力以及慢慢建立的自信，都让我多了几分对未来的笃定。

这一切，都要感谢国际学院给予学生的自由和选择的机会。自由是什么？是不设限。学生想做什么、想怎样发展，学院不仅给予了充分的支持，还提供了发展的资源和平台。就是在这里，我可以自由生长，做想做的事，变成想变成的人。我也继续秉持这样自由的精神，工作之余，成为了一名具有专业认证的瑜伽教师，也作为中英翻译乘坐日本非政府组织和平之船环球旅行，闲暇时间为纽约的民间机构做志愿者服务社区。我深刻认为，人的潜能是无限的，恰是国际学院带给我的自由精神，让我可以继续探索、寻找一个不设限的人生。

看着国际学校越来越好，每次回到校园我都觉得十分欣喜。我相信国际学院的学子也都充满感激，带着国际学院自由的精神，游走于世界各地，努力奋斗并实现自己的人生价值。

追忆流水年华

罗一伟

罗一伟

作者简介

罗一伟，中国农业大学国际学院2012级经济学专业毕业生，中美122班。在校期间担任中美122班团支书，国际学院志愿者部干事，中美项目办公室助教。2017年2月至2018年12月在澳洲国立大学商学院经济系读研。目前在北京大学中国社会科学调查中心实习。

在2012年那个炎热的夏天，我与其他莘莘学子一起，走进了中国农业大学，成为国际学院的一名大一新生。校园里的一草一木，一砖一瓦，无时无刻不在向我们展示着这座百年学府的独特魅力。然而岁月流逝，青春悄然，四年的光阴如白驹过隙，转瞬即逝。如今我已经离开国际学院三年之久，回忆起当时的似水年华，最难忘的却是刚刚入学和即将毕业的那些日子。

初入大学，除了对周围的一切都充满了好奇与期待之外，心中还充斥着对未来的激动、不安与迷茫。为帮助我们尽快适应大学生活，学院组织开展了多种多样的课外活动。邀请学兄学姐与我们座谈，帮助我们更好地了解学院中的学习与生活；师生交流活动让我们更好地了解了自己所学的专业与方向；各色各样的社团、学生会活动不仅丰富了我们的课余生活，更锻炼了我们的综合素质。其中印象最深的就是大一时期学院举办的“我的中国梦”主题团日活动。2012年底，习近平总书记将“中国梦”定义为“实现中华民族伟大复兴，就是中华民族近代以来最伟大梦想”。然而对于那时的我们而言，“中国梦”还只是一个生硬的词语而已。为了让大家能够更好地理解“中国梦”，学院展开了以“我的中国梦”为主题的团日活动，在活动中，同学们以宿舍为单位开展采访活动，了解身边的人对“中国梦”的看法。有的同学采访父母，有的采访朋友、辅导员，有的则在宿舍内相互采访交流，并且将过程以视频的方式记录下来，在最后的班级的总结大会上一起分享这些视频以及采访过程中的心得。通过这次团日活动，同学们懂得了个人理想与国家梦想的密切关系，对“中国梦”有了更深刻的理解。同时在本次活动中，同学们畅所欲言，也增进了彼此之间的友谊，这次的团日活动也成为了每个人心中一段美好而又深刻的记忆。

2016年的盛夏，我们完成了学业，很快就到了毕业离校的日子。怀着激动与不舍，我和同学们一起参加了学院为毕业生举办的毕业典礼。从集体合影，到上台领取毕业证，再到毕业后的聚餐，那时的场景就像一张张珍贵的老照片，印刻在我们的记忆里。现在回想起来，仍旧像发生在昨天一般，历历在目。毕业后，有的同学选择继续学习深造，有的同学则选择在工作岗位中实现自身的价值。但是无论“果园人”身在何地，在国际学院的学习经历，都为我们日后的发展打下了坚实的基础。中西方融合的教育方式既让我们学到了扎实的专业课知识，又培养了我们吃苦耐劳的精神。国际化的教育理念不仅让我们了解到西方的文化，更培养了我们国际化的视野与批判精神。

二十五载辛勤耕耘，国际学院培养了数千名优秀毕业生，活跃在各行各业，为实现自身理想而奋斗，深受社会各界好评。二十五载风雨兼程，几经沧桑，国际学院已经逐步发展为一个拥有先进的教学设施、雄厚的中外师资队伍、享有较高知名度的国际化高等教育机构。饮水思源，在感恩学院栽培的同时，更祝福国际学院可以继往开来，明天更辉煌！

忆“果园”往事，念师生真情

——写于研究生毕业季

刘佳承

刘佳承

作者简介

刘佳承，生源地山东，中国农业大学国际学院中美科罗拉多大学项目 2017 届毕业生。主修经济学，辅修应用数学，GPA 3.88/4.0，每学期均登 Dean's List，曾获中国农业大学国际学院学习优秀一等奖学金，美国科罗拉多大学文理学院一等奖学金。在校期间任职于学生会外联部，农大烛光社志愿者。2017 年被哥伦比亚大学录取，就读应用分析专业。

又是一年 5 月，又是一个充满着喜悦与自豪的毕业季……至此，将正式告别学业生涯，进入一个崭新又充满挑战的阶段。站在这个拐点上，脑海中就像过电影一样，又不禁浮现出大学校园生活的种种，还记得“果园”，那些年，那些人……

我是“果园人”

国际学院，简称国院，我们一直亲切地称之为“果园”。如其名，“果园”为我们的学习、生活和成长提供了广阔的平台和充足的“养料”，每个“果园人”都可以在这儿找到绽放自我的机会。从一开始入校的军训到出国之前的结业典礼，短短的两年“果园”生活，让我增长了学识、见识，遇到了人生的挚友，也留给了我无数珍贵的记忆。走过之后，越发觉得这两年不单只是为出国做铺垫，更帮助我们这些初入大学校园的学子形成正确的价值观，并培养了广阔的国际视角。

在“果园”这个大集体之中，有班级、学生会、各种俱乐部等小集体，各种集体的活动丰富了我们的课余生活。作为班长，我见证了新生篮球赛和趣味运动会中，同学们为班级荣誉拼搏而洒下的汗水；在学生会外联部期间，参与了英语辩论赛等活动的招商赞助工作，为“果园”各类活动尽了自己的一份绵薄之力。

感恩师长

在“果园”的两年，我得到了许多中外教授的悉心指导，其中几位可以说是我的启蒙老师。感谢教授经济学的 Prof. Golding 和写作课的 Prof. Vogt，有幸在三门基础经济课和两门写作课中成为你们的学生。印象中 Prof. Golding 的 office hour 总是挤满了人，他总是会耐心地为同学们解答各种经济学问题。除此之外，他也是“果园人”生导师的不二人选，时不时地为我的选课、将来考研以及个人职业发展提一些建设性意见。Prof. Vogt 除专长写作之外，也是一个脱口秀达人。他表情丰富，说话滔滔不绝且诙谐幽默，使枯燥的写作课变得生动有趣。同时，他在写作表达上又是一个追求严谨的人，总在 office hour 指导我怎样能表达更地道、更美式英语。

还记得结业时与两位教授合影、告别，这一别就是四年。还记得当年 Prof. Golding 在邮件里说的，“Time does fly. Every year at this time I have a bittersweet feeling. I am glad to have had you as a student and I wish you luck in Denver. I know you are going to do well there.” 这一直鼓舞着我在美国不断地进取。后来得知两位教授之后都回到美国继续执教，愿你们在美国一切安好，期待再次相见！

除了专业课教授，最感谢的还有班主任杨晨飞老师。杨老师一直非常关心我们在学校的学习和生活，关注班级建设，对于选课、注册美方学籍等问题有问必答。出国之后也时常与我们沟通，了解我们在丹佛的情况。翻出前年“果园”毕业典礼那天杨老师发的朋友圈，“四年弹指一挥间，老杨易老，青春再难逢：这群可爱的学生，一个班五个人被哥伦比亚大学录取，国内还有北大等名校保送，谢谢你们来到国院，母校以你们为荣，班主任以你们为荣！”那一天，老师满脸写满了喜悦。感恩老师，我为自己是经济 133 班的一员而自豪！

一生的朋友

在男生楼的 1455 寝室里，天南海北的六个人因缘聚在了一起，便是一生的朋友。吃饭、上课、泡图书馆、锻炼、旅游、看球、K 歌、打游戏，一起笑过疯过，得意过失落过，人在异乡，越发觉得真挚友情的可贵。“果园”毕业之后，我们其中五个齐聚美东地区，一个远在悉尼。直至今日，我们仍保持密切联系，时不时地交心。六年的“老铁”们，愿你们在世界各地努力成为更好的自己，希望早日参加你们的婚礼，哈哈。

很高兴遇见你，“果园”

刘　琦

刘　琦

作者简介

刘琦，2013 年进入中国农业大学国际学院农林经济管理专业学习，是该项目第一批录取的学生。2015 年 8 月赴俄克拉荷马州立大学交流学习，2017 年 6 月毕业，获俄克拉荷马州立大学农业商务专业和农业传播专业双学位以及中国农业大学农林经济管理专业毕业证书和管理学学士学位。同年 8 月，进入康奈尔大学攻读应用经济和管理学硕士学位，2019 年 5 月毕业。2019 年 9 月，将赴英国剑桥大学攻读土地经济学博士学位。

在国际学院学习生活的两年，于我而言，短暂而珍贵，特殊而美好。作为农林经济管理专业的第一届学生，我们是特殊的，但我们和每个老师，都在不熟悉中慢慢摸索，在摸索中不断前进，这个过程是很美好的。

国际学院多元化的、国际化的教育，给每个人提供了广阔的学习平台。在中粮集团等大型国企参观学习、在国内外不同地方参加实习实践活动，以及双语化的教学环境，不仅拓展了我们的视野，而且还教会了我们以多维度的心态去看待世界和感知自我。这对于我来说，是最重要的财富。回想大学生活，第一次与寝室同学见面、第一次班级出游、第一次课堂签到恍如昨日，就连大学第一次通宵熬夜、第一次登山看日出都历历在目，难以忘怀。正是这些点点滴滴的记忆，时常涌上心头，让我倍感温暖。

国际学院的生活就在这样最单纯最有活力的节奏下进行开来。短短一个学期，我就喜欢上了这个专业，还幸运地遇上了自己喜欢的人。现在看来那段时间给我最大的感受就是多去尝试，不要停下脚步，不要害怕犯错。

因为热爱，才有了接下来的生活，我静下心来认真地去上每一节课，去做每一次作业，钻研自己的专业，提高自己的专业技能。也许，兴趣不一定是对具体的某一件事情感兴趣，而是一种能够让你兴奋的力量，让你坚持去做有时候不情愿做的事情。这种正向循环的生活模式，延续到课外。我开始喜欢上户外活动，在每一次户外活动中，和更多优秀的朋友交流，去尝试理解不同的思维模式，体验不同的生活方式，都能够让我更加热爱生活和热爱他人。

忙不等于充实，我希望我自己的大学生活是充实而不只是忙碌的。如何协调安排生活和学习，我在即将出国之前的那个大二开始思考，并开始努力用自己的方式去解释这个问题。它给我的意义在于，除了我找到学业的兴趣之外，我开始尝试大学生活的各种可能性，去明白自己的长处与不足，找到生活中我真正喜欢做的事情。到现在，户外活动（登山，徒步等）都在我生活中占有很大的比重。

我们是幸运的，在国际学院遇到每一位老师，他们给予的建议和帮助、鼓励和支持，都给了我们莫大的力量。也正是在国际学院这个平台上，让我们看到了更广阔的世界，教会我们少一点傲气，多一点底气的态度，去面对之后生活学习中的种种。

最后，用我最喜欢的一句话结尾：“很高兴遇见你，在我‘惊天动地’的青春里——国际学院。”

梦想，从这里起航

郑茂永

郑茂永

作者简介

郑茂永，2013年进入中国农业大学国际学院农林经济管理专业学习，是该项目第一批录取的学生。第19届院学生会副主席。2015年8月赴俄克拉荷马州立大学交流学习，2017年6月毕业，获俄克拉荷马州立大学农业商务专业学位以及中国农业大学农林经济管理专业毕业证书和管理学学士学位。曾获中国农业大学优秀学生干部、社会工作一等奖学金、院长奖学金，中国农业大学优秀毕业生，北京市优秀毕业生等荣誉。之后获得全额奖学金进入乔治亚大学攻读农业及应用经济学硕士学位，2019年5月毕业。2019年8月，获得全额奖学金并继续攻读乔治亚大学农业及应用经济学博士学位。

转眼间，我已经离开中国农业大学国际学院两年之久，但这里带给我的烙印，一直伴随着我今后的人生。回想起十八岁那年，第一次收拾行李远离家乡，来到了农大校园。内心对国际学院的生活充满了期待，却也有些忐忑。作为农林经济管理专业的第一届学生，对我来说一切都是新鲜的、崭新的。对于国际学院来说，这个新的项目也充满了挑战和未知。幸运的是，在这两年我收获了很多美好的经历和体验，也积累了宝贵的经验。

第一次体验全英文教学环境，第一次和外教们探讨学术，这里国际化的教育平台不知不觉影响着在这里求学的每一位学子。来到这里能和来自天南海北优秀的同学一起学习生活是何等的幸福。在学业上，国际学院的每位外教和老师都尽心尽责，把严谨认真的学术态度带到了我们身边。在这里，我学到了如何去适应美国大学的教学，和教授们如何相处。生活上，与身边同学相处的也十分融洽。我们开始学着尝试与人的交往，与社会的接触，迷茫而又新奇，天真而又焦虑。大学集体的生活让我们更加懂得如何去尊重和体谅，在这里一起奋斗的经历也成为我们每一个人人生的宝贵财富。课外活动方面，总是有着各种各样的机会等着我们去体验去尝试，例如学生会、志愿者、参观农业企业、听大牛演讲等丰富的实践活动。总之，国际学院会给予你很多，如何在这里完成从一个懵懂的少年到有理想有担当的青年的蜕变是你需要思考的。时间会手把手地教会你成熟，然而在这个成长的过程中五味繁杂，既有痛苦、失望和无助，也有喜悦、放肆和激动，而作为主角的我们都要一一品尝。有了自己的想法，有了自己的道德观和价值观去评价人和事，当我们渐渐建立起自己的世界观，就开始想要去规划自己的人生。

通过国际学院这个平台我得以去大洋彼岸继续自己的学业，经过十多个小时的飞行带着自己的梦想和家人的寄托来到了美利坚的土地上。来到异国他乡才能体会高晓松先生说的：人生不止眼前的苟且，还有诗和远方。初来乍到感觉一切都是新鲜的，以前从来没有接触过，所以感觉好像眼前豁然开朗，原来世界这么大，而自己又那么渺小。除了学业的挑战外，生活上的那种独立感更加地深刻。好像在异国他乡才能感受到那种孤独与坚强。离开故土，你会看到形形色色的人们，他们也过着属于他们的生活。孤独是用来教会我们坚强的，我们带着国际学院的精神和传承，而且试着去努力让自己变得更好，不断地完善自己，优化自己，去努力，去奋斗，去享受属于自己的高光时刻。

在国际学院的这段时光，自己不断地成长，懂得了我们要有深刻的责任感，懂得了要明确自己的人生理想并为之不懈奋斗。我们每个人都是幸运的，有国际学院这个坚强的后盾，我们可以通过自己的努力去创造一切我们想要的。最后，我想对每个国际学院的学子说——

爱你所爱，行你所行，听从你心，无问西东。

第二章

我想对你说

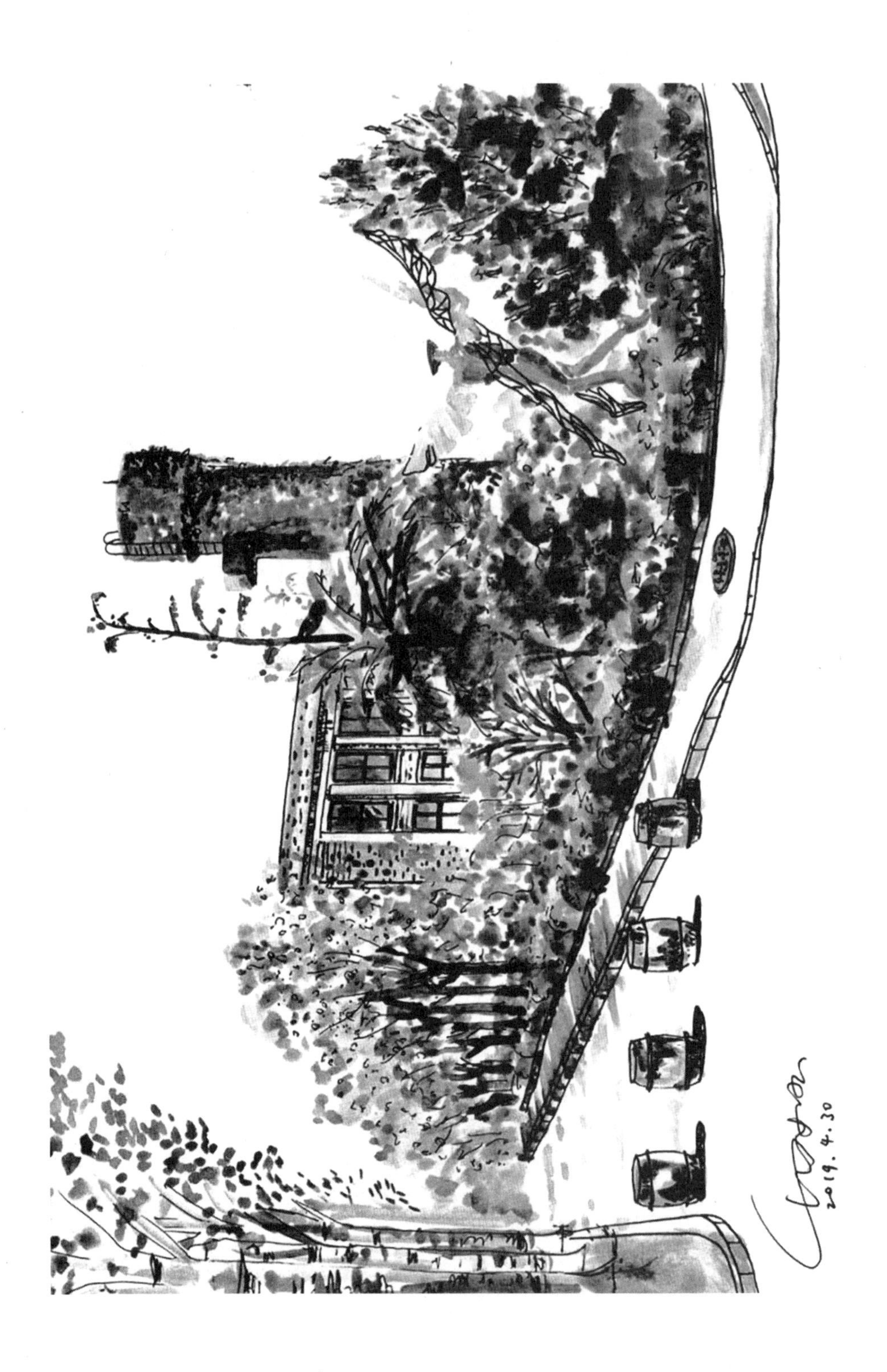

我想对你说

何其乐

何其乐

作者简介

何其乐，包头人，博士生导师，Reader in Operations Management（教授级职称），1996年考入国际学院经济学专业。在校期间任国际学院学生会副主席，连续三年荣获校级、院级三好学生，获包括一次院级三等奖学金、两次院级一等奖学金，一次校级三等奖学金，两次校级特等奖学金。1999年荣获北京市三好学生。2000年以全A成绩荣获经济学专业学士特等学位，是国际学院第一位四年的“全A”生。荣获2000年度北京市优秀大学毕业生称号，同年保送中国农业大学经管学院攻读硕士研究生。

研究生在读期间获全额奖学金赴英国鲁顿大学攻读第二硕士学位，以优异成绩毕业并取得金融财务决策管理特等硕士学位，获得伊恩迪克森爵士纪念奖，成为该校建校以来第一位华人毕业生获此殊荣者。同年获得中国农业大学管理科学与工程硕士学位。

2003年考取英国米都塞克斯大学，获博士全额奖学金，攻读管理学博士学位。

2014年受聘于英国考文垂大学，先后任资深讲师、主讲讲师、战略与应用管理系副主任。目前任英国考文垂大学战略与领导学院副院长、博士生导师，主管科研工作。

1996年5月，我的家乡内蒙古包头发生6.4级强烈地震，学校开始停课，我们在地震棚里迎战高考，但我最终还是有幸考入中国农业大学国际学院。

进入大学首先感到的是活跃的气氛，校园绿树成荫，到处充满生机。感受最深的还是国际学院的选修制教学体系，与传统的注入式教育完全不同。我如鱼得水畅游在知识的海洋，并担任了学生会干部，以全A的成绩保送农大硕士研究生并选派英国取得双硕士，之后又在英国取得博士生学位。毕业后受聘于英国贝德福特大学，先后任讲师、资深讲师及代理主讲讲师。期间曾荣获“院长科研奖”、国际知名学术出版社Emerald颁发的“年度最佳评审奖”。目前在考文垂大学主要从事企业间信息传递、绿色物流供应链、农业可持续发展等方面的研究，并在国际知名学术期刊、专著及重要学术会议发表60余篇学术论文，领导或参与多项科研课题项目，同时指导多名博士生毕业。现在是英国高等教育学会高级会员，多次组织主持国际学术交流活动。并兼任两家国际学术期刊的编委会成员，以及多所大学的外部主考。

四十而不惑。从自己成长的经历来看，有机会进入国际学院，我感到非常幸运。紧张活泼的学习环境、优秀的教师队伍、国际化的视野，使我在之后的学习工作中都更具竞争力。也正是在国际学院优秀教师们的感召下，我也选择了教书育人这份神圣的职业。

在国际学院25年院庆之际，我衷心祝愿，国际学院越办越强，学弟学妹们更加奋发努力。无论我在哪里都会为母校尽力，以母校为荣！

传道者 Kathy

牛　勇

牛　勇

作者简介

牛勇，北京人，1998 年入学，就读中国农业大学国际学院传播学专业，2002 年毕业。毕业时获得科罗拉多大学传播学三等荣誉学位、国际学院优秀毕业生等荣誉称号。在校时曾是传媒协会国际学院分会会员，并帮助建立经济协会国际学院分会。大学期间，积极参与各类学生活动，历任国际学院学生会外联部副部长、部长，学生会副主席、主席。目前是北京可美信咨询有限公司创始人、首席执行官，帮助中国青少年学生准备并申请美国的顶级大学本科和研究生项目。

"Kathy 来了"，这句话可以很快让教室里安静下来，同学们不约而同地坐直身子，望向教室门口。Kathy 穿着卡其色的长风衣，背上背着装得满满的紫色巨大双肩包，胖胖的身体前倾着，低着头脸色苍白地踱进来。她在讲台前放下背包，面向我们挺直腰板仰起头来，一改进屋时的低沉神气，用昂扬的神态和坚定的语气开始说话。她声调不高，但全教室都可以听清："我要你们调转桌子，坐在我规定的位子上，放下所有和考试无关的东西。"每个人都沉默地遵吩咐——我已经毕业 16 年了，但这番场景至今都记忆犹新，Kathy Kamphoefner 教授留给很多学生的记忆，恐怕都和严厉二字密切相关。

但是人在 20 岁做学生时候的感受，和 40 岁时候回忆的感受，可能是截然不同的。毕业之后的数年里，我有时也会和几位同专业的同学们聊起当年，中年以后的回忆里，没有人再谈及她的严肃严厉，反而都是认真地说起从她的课上学到了哪些受益终身的知识和本事。

Kathy Kamphoefner，当 1999 年我第一次看到这个名字的时候，觉得我可能永远没有办法记住这艰涩拗口的拼写。但当我为了写这篇文章去互联网上搜索 Kathy 现在在做什么的时候，我毫不费力地就拼出了这个名字。当然只有一个原因，这位教授实在给我留下了极深的印象和影响。大学四年里，我作为传播学专业的学生，选了她教授的 7 门专业课，其中大多数是高层课，她是教我课程最多的老师。虽然 20 年过去了，但今天如果看到她的名字出现在选课列表里，我仍然不会犹豫，因为我知道她一定能够教出深度足够的知识和经验。

Kathy 上课一点都没有趣味感。她有时也会试着幽默，但基本上不会引起全班式的笑意。她的语音永远不会高声，但她的语气永远坚定不容置疑。她的作业和考试总是让学生们备感压力，好像每个人都会担心在她的课里无法得到很高的分数。但效果极明显，认真的表情呈现在每个人的脸上。在她的课上，随时会随机点到同学的名字，让我们阐述自己的观点或回答问题。"Gabriel"，当她小声地低头叫出我的名字的时候，我是既紧张又有点期待。

我的那 7 门专业课是在大二到大四的三年里陆续上的，在这几个学期里我总是很好奇 Kathy，她在课下是个怎样的人？为什么总喜欢给学生们留下极为严苛的印象？当时也不知道她有多大岁数，可能有 40 岁左右？好像身体并不强健，可能因为较胖，她步伐略缓，总是低着头喘气般走路。可这并不像是个严师的形象呀。

直到大四快毕业时候的一个初春下午，我从学院办公室办事出来，发现 Kathy 也刚巧从楼里下来，往图书馆方向走，我紧走几步追上她，想聊聊天。那时候我突然发现，我好像从来没和她聊天过，以前的谈话都限于学习，于是简单寒暄之后，就开始聊起来她的一些个人背景话题。这么多年过去，很多事情早已忘记，但有一个话题印象深刻：在学术之余，她非常关心公益。不论是国际难民问题还是乡村支教，在中国、在世界各地，她都有所参与。其实她在内心深处的柔软细腻，是故意对课堂里的学生有所隐藏的。

为什么隐藏呢？因为她认为作为 20 岁上下的大学生，最重要的任务就是学习，理解专业，理解未来，理解尽可能多的知识和前辈经验，打好学术基础，才能真正在行业领域或其他领域内做出贡献。她说，传播学的知识和能力，是她去各地参与公益活动的基础，她知道如何和不同的人群沟通，知道如何将受助者的需求传播出去让有能力帮助的人知道。同时，教育年轻人，如果不严厉一点的话，可能他们无法真正理解学习的重要。当然，如果有学生像我一样愿意和她聊聊学习以外的事情，她很乐意。

我现在在做帮助中国学生赴美留学的指导工作，按我们行业的话说叫 Independent Counselor，当我面对 15～18 岁的中国孩子们的时候，我知道和 Kathy 的谈话启发了我对这些孩子们的很多影响。我每每会告诉他们，为何在读大学的时候要打牢坚实的专业知识基础、为何要在申请准备的时候要树立自己的未来理想、为何要关心公益。在我目前十余年的职业生涯里，我遇到了很多和 Kathy 很像的学者，他们对年轻人的期望，也成为我对即将赴美读书的中国孩子们的期望。

2019 年是国际学院的 25 周年，我选择写一篇回忆 Kathy 的文章，本源上就是感怀国际学院当年对我们也寄予着这样的期望。当年很难理解的事情，随着岁月的沉淀越来越理解。Kathy 这样的教授，在美国肯定算不上顶级，但她带给我们的理念，随着每次认真的作业和考试、课上的讨论和课下的阅读，已经烙印在我们身上了。所以后来有次和某个学妹聊天，她说了一句掷地有声的话：“如果我们有什么本事的话，大致也是 ICB 给我们的！”

如今的 Kathy，有 60 岁左右了吧？我早已和她失去了联系，但在 LinkedIn 领英官方网站上，还是能看到她的动态。她从 2003 年开始，辗转在美国 3～4 所大学继续教授传播学专业课程；2016 年起来到中国的浙江温州，如今在温州的某所大学教书，传播当地的中国传统文化，并且继续做她的公益。Kathy 活得很自我，很开心，同时在她力所能及的范围里给大家带来知识和力量，传道授业，善莫大焉。

那段不曾辜负的激情岁月

尚　进

尚　进

作者简介

尚进，数字经济学博士，应用经济学博士后，北京大学政府管理学院研究员。1998—2011 年期间先后就读并毕业于中国农业大学（国际学院 98 级传播专业）、美国科罗拉多大学和英国莱斯特大学，获得传播学学士、大众传播学硕士和数字经济学博士学位，并于 2008 年和 2009 年先后在联合国互联网治理论坛和牛津大学互联网研究所做访问研究，后回到莱斯特大学任讲师职务。2011 年回国后进入北京大学政府管理学院，研究方向是数字经济和智慧城市。尚进博士现任国家发改委中国信息界杂志社社长，中国信息界发展研究院院长，中国信息协会专家委办公室副主任，北京大学中国区域经济研究中心秘书长，北京大学智慧城市研究中心副主任、北京大学中国区域科学协会副秘书长，中国人民大学信息学院特聘工程硕士导师。同时兼任国家发改委中国信用体系建设促进工程办公室特色小镇信用体系认证中心主任，教育部学校规划发展中心中研政府和社会资本合作研究院学术委员会委员兼投资研究委员会主任等职务，系国家智慧城市标准化总体组专家，工信部物联网与智慧城市重点专项（01 专项）专家库成员，科技部国家科技专家库成员，北京市科委科技评审专家组成员。2017—2018 年期间在山东省潍坊市潍坊软件创新创业服务中心技术挂职副主任，自 2018 年 9 月起挂职安徽省合肥市包河区人民政府任首席数据官。

德国著名哲学家弗里德里希·威廉·尼采在《查拉图斯特拉如是说》里曾经说过这么一句话，“每一个不曾起舞的日子，都是对生命的辜负”。记得尼采还说过，“你要搞清楚自己人生的剧本，不是你父母的续集，不是你子女的前传，更不是你朋友的外篇。对待生命你不妨大胆冒险一点，因为好歹你要失去它。如果这世界上真有奇迹，那只是努力的另一个名字。生命中最难的阶段不是没有人懂你，而是你不懂你自己”。我个人很欣赏尼采的那种对于生命的尊重和那种发自内心对于生活的热爱，这些确实深深地感染了我，让我每一天都充满激情。

受邀为国际学院成立25周年庆祝活动撰写一篇小文的时候，说实话我心里有一点小小的忐忑，忐忑的是一转眼二十多年过去了，我担心很多的人和事已经记得没有那么清晰了。但同时我也会感到些许激动，因为这让我重新点燃了那段记忆，那段生命中最美好的莫扎特D大调小步舞曲。

首先回到我记忆里的，应该是咱们国际学院那三个最具代表性的字母“ICB”（International College Beijing）。在我们的心里，ICB这三个字母，可不仅仅是一个英文缩写，当然也不是广告学里所谓的什么标志，ICB可以说是当时我们每一位国院人引以为豪，甚至会有时拿来和别的学院炫耀一下的代名词，用现在比较时髦的话来讲，就是“高端大气上档次，低调奢华有内涵”。毕竟国际合作办学在1998年前后还是一个新鲜的事儿，为了适应双语教学，高考后我们并没有像其他学生那样出去疯玩儿，而是开始准备密歇根考试，这对于那个时期的我们来说还真挺有意思的。其实考试内容并不简单，但经历过高考的洗礼，感觉好像也没有想象的那么难。但无论如何，新的生活开始了！

尽管第一年的学校生活在我的记忆中已经比较碎片化了，但是如果让我找出三个关键词来概括一下的话，我觉得应该是：新奇、适应和享受。我对阳光和大自然从来都没什么抵抗力，所以校园优美的绿化环境是学校给我留下的第一印象，我当时就在想，这也许是美国大学选择和咱们合作的几个主要原因之一吧……言归正传，因为是中美合作办学，我记得当时有些中文课程是必修的，美国的课程设计则相对比较灵活多样，因为大家可以根据不同的专业方向在几个不同的领域中自由选课，这对于习惯了应试教育的我们来说还是挺新奇的。我主修传播学，除了几门必修的中文课程外，专业课基本上都是由外教来教的，当然数学课是由和蔼可亲且激情洋溢的许廷武老师用英文来授课，深入浅出。说实话，我数学基础一般，但许老师的课我基本上没缺席过，因为他的课很有带入感，这点让我很佩服。当然令我印象尤为深刻的应该是大众传播、哲学和西方音乐史这三门课程。我个人的感觉是，用英语直接学习西方文化，吸收的是原汁原味的东西，很多西方的知识被翻译成中文后，反倒不那么容易理解，而且记忆也没那么深刻。也恰恰是这种特殊的学习经历，让我认识了苏格拉底、柏拉图、亚里士多德，爱上了卢梭、海德格尔，走近了尼采、维特根斯坦；也恰恰是这种经历，让我至今都深深地着迷于巴赫的华丽与典雅，钦佩于莫扎特的天赋与执着，感动于贝多芬的强大生命力。可以说，我在 ICB 的第一年拥有一种完全新奇的感受，当然这也需要一个适应的过程，毕竟上课有趣可不代表考试简单，更何况我们那个时期可没有现在这么强大的翻译软件。

伴随着这些新奇而又丰富的经历，我终于从一个 freshman 成功“混”到了 sophomore。这意味着我有更多的精力开始参与一些学生会的工作。说实话，我真地认为积极参与学生会工作，对于一个大学生的性格和能力有很强的塑造作用，以至于我现在招聘新人，都会对那些曾经有过学生会经历的应聘者情有独钟。因为我认为，对于那些愿意参与学生工作的人来说，至少他们是不甘于平凡的，而且往往都拥有一颗积极向上心。当然更重要的是，学生会的经历可能是很多人最先接触社会的一个过渡，毕竟在这个小团体里，有你真正进入社会前需要了解和掌握的一切技能要素，比如团队精神、创新精神、创业精神、奉献精神、商业思维、政治思维、组织思维、沟通能力，等。

记得在学生会里担任学实部副部长期间，我和几个好友，在院领导的支持和帮助下，共同组织创办了当时不仅在学院，而且是整个大学里唯一的一份全英文校园报纸——《ICB Voice》（ICB 之声），现在我还能依稀回忆起当时我们围在一起讨论报纸的方向定位和宣传口号时的场景：“From the students, for the students”（源自学生，服务学生）。那时我们做得很用心，尽管团队没几个人，大家也都没什么经验，但就是那样边学边干，在克服了很多困难后，我们成功地发行了第一期报纸，并获得了院领导和广大师生的充分认可，而我也在成为 junior 之后，被正式推选为《ICB Voice》的主编。与此同时，在了解到同学们对于课外英语交流的浓厚兴趣和需求之后，我还在办报的基础上，又进一步创办了全校首个“English Corner”（英语角），通过组织和安排一系列多样化的活动内容，为外教与学生们在课堂之外能够融洽沟通和交流搭建了一个有价值的平台，加深了彼此的感情，增强了相互的信任，提高了大家英语交流的水平。

在 ICB 的最后一年，由于开始考虑出国继续深造等问题，我陆续辞去了学实部副部长和报纸主编等职务，将更多精力放在了努力提升学业上，我的大学生活也开始逐渐回归了平静。

有人说，有意义的人生就是应该在不同的阶段做不同的事情，不要辜负青春，不要留有遗憾。我想说，每个人内心中都曾经有过激情的火种，有过一颗不甘于平凡的、躁动的心，关键在于你是否愿意，或者有勇气，点燃内心的火种，不辜负自己那段激情岁月。在 ICB 走过的那些日子里，我曾经真切地去感受过这种激情，其中有欢笑，有泪水，有失去，有得到。我之所以如此用心，是因为我相信，那些愿意翩翩起舞的人，从不会被生活所抛弃；那些愿意点燃生命的人，全世界都将会成为你的舞台！

国际学院之回忆

徐潇潇

徐潇潇

作者简介

徐潇潇，辽宁人，中国农业大学国际学院经济学专业，1999年入学，2003年毕业。大学期间积极参加学生会各项活动，成绩优异，多次获学习奖学金，毕业时获“北京市优秀毕业生”荣誉称号。毕业后保送中国农业大学研究生，并赴英国交流学习。回国后，任职于在惠普公司从事项目管理工作，主导部门内部变革项目，曾参与紫光华三（H3C）拆分重组项目。现任富达国际IT部门项目经理，为业务部门的中国战略提供支持。

20 年前的夏天，我是第一次知道还有美国人在中国办大学的，便懵懵懂懂的来到了这个学院。那个年代的我从高中的狭小天地走出来，只是知道美国的大学肯定很特别，但是具体哪里特别，没有开始上课以前都说不出来太多。转眼国际学院建院 25 周年了，也为我的人生带来了转折，所以就把我觉得在国际学院得到的最精华的能力记录一下吧。

选择的能力

在大学以前，我的生活都是按部就班地被安排好的，比如在初中、高中上课都是按照统一的课表来的。某一门课的老师就算再不喜欢也没有选择的权力。进入国际学院学习以后，让我感觉最爽的就是选课了。开学前，我们会知道这学期会开几门课，都是什么老师，上课时间是什么，每个班限制多少个学生，怎么组合当学期的课程可以满足毕业要求。然后剩下的就是研究课程表时间，研究老师，准备选课。2000 年左右，互联网还算是新兴产物，每到选课的时候，我们都在学院机房提前抢了座位，等系统一开放就赶忙登陆，照争夺最激烈的课程下手，那阵势完全不逊于如今的秒杀。

选课的自主性除了可以按照个人喜好选择课程和老师以外，更是给了我们自主安排时间的灵活性。比如有的同学不喜欢早起，就选 10 点以后的课，有的想下午多参加一些社团活动，就把课程都安排在上午。甚至有的同学这学期想报个考试，就少选一些课程，下个学期再多学一些。这种有选择的自由让我们感觉课是我自己选的，硬着头皮也得学下来。

另外，从大学时期我们就开始了对自己时间的管理。每一门课程的考试时间都不一样，我们就养成了对任务分类，列 todo list，排优先级等做法。对于现在的我来说，很多时间管理的方式也都是当年的做法沿用下来的。

回忆过去的 20 年，大学时期总是有一种纠结的感觉，感觉可能性很多，选择很多，走哪条路都挺好，不知道怎么去权衡，所以总感觉自己是站着这山望那山高。和朋友们聊的时候，他们说只有大四或者读研毕业的时候才有这种感觉。而我到了读研和毕业的时候，基本面对选择心里已经有一些主意了。所以感谢国际学院在大一就给我选择的权力，让我在走出象牙塔以前就充分锻炼如何选择，不停地试错，从失败中学习，这样的我们面对社会的时候就没有那么手忙脚乱。

自主探索的能力

现在留学的人多了，很多人都说读大学的时候最难的就是 academic writing，怎么引用，怎么写 reference，一旦写不好，就被评判为学术抄袭。这个技能我们从大一开始就有 academic writing 的课教我们英文写作。对于当年刚开始用电脑打字的我们，老师会精确到每一个空格，每一个拼写，每一个标点符号……这些基础训练都为我们日后的出国留学以及以后的工作文书方面提供了不少帮助。

在引用方面，外教很强调文献的重要性。记得我刚上写作课的时候，沿用了高中时期作文的旁征博引技巧，引用了老子说过的话，对此外教的评语是，请写出这句话的出处。搞得我又去图书馆翻字典找原始的文献（因为当时还没有这么发达的互联网资源）。尽管后来我放弃了这个引用，寻找资料的过程让我感觉话不是随便说的，要有根据，有出处。

刚开始引用也会由于一时兴奋，直接引用了一大段，老师的评语说，引用过多，涉嫌抄袭，也给我们解释了引用的限度，如何转述，如何把别人的观点引用在自己的文章中。在大学四年的每一次 essay，每一次作业中，老师们都用着同样的标准严格禁止学术抄袭。后来我读研究生的时候，已经开始有网上直接检查学术抄袭的软件了。好在我用了四年的时间练习各种英文的写作规范，读研究生的时候就没有很痛苦。

面对当今信息爆炸的时代，这种探索的能力也是一种去伪存真的能力，一种研究的过程。这个过程，需要我们对不同文献都要有自己的理解，思考，辩证和判断，而不是某个权威是这样说的就一定对的。我们写出的东西一定要在不同的角度找一些观点，以体现我们调查的全面性。就连老师在课堂上也经常说，要敢于挑战权威，要知道事情总有两面性，要跳出盒子想问题（think out of the box）。刚开始还不太接受，可是一点点地，就慢慢地养成了一定要反向问为什么的习惯。批判性思维（critical thinking）这个很宝贵的能力也是这样培养出来的，这也是西方教育里最让我欣赏的地方。

课程多样性

在国际学院最享受的也许不是经济学一类的专业课，让我到现在也忘不了的是丰富多彩的辅修课，例如音乐课、人文课、美国政体课、戏剧课、心理学等。在别的学院学生眼里我们都是不务正业的人，比如我们会在机房查美国大选的新闻，因为我们要写出到底是小布什还是科尔可以当选总统；我们会编排各种剧本，讨论戏剧课的演出细节；我们会拿出整节课来讨论“911”以及分析原因；我们会去精神医院了解心理疾病；我们需要看奥德赛小说，写读后感；我们会去音乐厅听音乐会，这是古典音乐史的一部分……我们的大学经历了太多“出格”的事情了，而这些都和我的专业经济学没有一点关系。

20 年过去了，我并没有从事经济专业的工作，但是大学时候上过的这些辅修课总是能让我和生活产生链接。比如美国大选期间，我和同事们吐槽特朗普；比如前几天上映的《波西米亚狂想曲》，我就可以给我的孩子讲解我知道的摇滚史，那都归功于当年的音乐辅修课“History of Rock & Roll”。

我们以前上学的时候问过老师为什么设置这么多和经济学不相关的课程，其中一个外教说，他们认为多样性是本科教育的一部分，特别对 Liberal & Arts 来说。只有年轻人在大学时体会过各种科目，他们才有权利说我喜欢什么、不喜欢什么，而不是只学枯燥的专业知识，也许你从来不知道你不喜欢这个专业呢？他们更看重的是面对新事物的学习的能力，面对复杂世界的接受力，走出校门与社会的融入力。有了这些能力，专业也只是一种知识。

感谢在国际学院的日子，在 2000 年初那段经历打开了我看世界的一扇门，锻炼了我各个方面的能力，尽管没有分数可以衡量，但是这些能力对我日后的每一步都有影响。相信当你有一天走进这所“神奇”的学院，也一定会体会一个不一样的本科生活。

Advice to College Students

Ai Zhang

Ai Zhang

作者简介

Dr. Ai Zhang is an educator and an entrepreneur. She received her MA and Ph. D. in communication from Syracuse University and the University of Maryland. Ai has recently been selected as an Adobe Education Leader. Ai coaches education professionals to leverage social media to prepare students for the 21st century. Ai is also the founder of Classroom Without Walls, and the host of a weekly live streaming show. She has recently interviewed Seth Godin on her show. Ai's story has been featured in Forbes, Inside Higher Education, Pearson Education, and Mark Schafer's Tao of Twitter among others. Ai additionally contributes to Entrepreneur, Thrive Global and HubSpot Academy.

You're about to become a freshly minted college grad. You've worked hard to get to where you are now (especially if you're Chinese). But now the question is — what will you do after you graduate? Let me tell you, friends, this is a huge decision, and if you make it the *wrong way*, it could lead to *disastrous* consequences for you! What do I mean by that? Do I mean that you won't get a good, well-paying job? No! A good spouse, a sense of fulfillment? Of course, you might! However, what I'm talking about goes MUCH deeper than those very basic needs for material comfort and validation. I'm going to tell you, if you don't find *personal meaning and fulfillment*, you are going to find yourself very, very unhappy in the future. You may even find that you don't have the necessary skillset to perform the kind of work you want to! Let me explain it this way:

You're a bright, young Chinese college student. Chances are, you have worked diligently day and night, dealing with mama/baba's constant nagging about good education, forcing you to go to after-school classes, laolao constantly telling you about how bad things were in the Cultural Revolution, etc. So, you've *listened*. You've *done what you were told*. And you have *exceeded exceptions*. Are you ready for me to let you in on a little secret? *You're living someone else's dream. And it's killing you, slowly.*

Woah! Wait! What?! That's not True! you're probably saying to yourself right now. All of this work I did, it's MY dream! It's what will make me happy! I know, I know, certainly there's some pride in the accomplishment of the work. But ask yourself, was that something that you wanted, or something that was expected? THAT is the critical difference. So let me tell you friends, if you don't start living life for you, eventually, one of two things will happen: you will be perpetually unhappy; 2) you will eventually realize that you aren't happy with what you're doing but by the time you do, it will be too late. You'll have kids, a job, two aging parents, a mortgage on a house you hate living in—you'll have commitments. And believe me, young friends, once you develop commitments, your life no longer belongs to you.

Now, I'm NOT saying that commitments are bad. Commitments are our responsibility to ourselves and the world. I'm also not saying that all the hard work you've put in up until now has been wasted. Now that you've laid some groundwork for your intellectual self, it's time to really get going on your real self — that is to say, figure out who you really are. Because once you figure out who you are AND you have a solid set of skills, there is NO LIMIT to what you can accomplish.

OKAY, AI, BUT HOW?

Listen friends, this is how you accomplish it! Actually, this isn't THE way to figure yourself out, but just a few things that I think will help you become truly successful:

WRITE. That's right, write! Write down new ideas every day. Pick a number: 3, 5, 10. But write down new ideas every day. Why? You need to keep your mind FRESH! And these will become the little fuel pellets that fire up your creative engine to start something that you *really love*. So, WRITE.

Do something that you think you would LOVE. I'm not talking about Passions here. Everyone talks about Passion. Finding your passion is a process. You will have many passions. What I'm talking about is, stop worrying about the process, and start DOING the process. And it does NOT have to be about money. It has to be about stretching your mind. Think you would like to work with the homeless? Go work at a homeless shelter, start a non-profit, become a qualitative scholar and go live with homeless people. The point of this is—you need to throw yourself into something, get hurt, make mistakes, strive for success, feel what success feels, completely for its own sake. You need to understand what that process feels like. Because unless you really feel it, you will never know if you're really doing something that you want to do. Again—everything you've done up until now has been in a very supportive, very structured, very commanding system of well-meaning family members, friends, and educators. Time to throw that structure away and figure it out on your own! And remember, this does NOT—maybe SHOULD NOT—need be connected to earning money! Remember, you have YOUR ENTIRE LIFE to earn money! Right now, you're going to focus on a process that helps you earn more money in the future than you ever thought possible.

Never stop learning. Education doesn't have to stop once you finish school. In fact, true education oftentimes happens outside of the classroom. There is a reason that graduation ceremony is called commencement. A new chapter has just begun. We are living in a world where everything is changing constantly. You have to invest in time and energy into improving yourself. In fact, invest in yourself before you invest in anything else. Schedule time in your busy life to study, attend professional events and read industry publications to stay relevant, and read books and watch webinars on personal growth and self-development. What's even more important than remembering facts and information is to master the cycle of knowledge. I love the following statement from a well-known futurist, Alvin Toffler, "The illiterate of the 21st century will not be those who cannot read and write, but those who cannot learn, unlearn, and relearn." It is time to embrace a lifelong student mindset to keep learning, growing, and producing meaningful work that is conducive to humanity.

在这里，遇见不一样的自己

常 昊

常 昊

作者简介

常昊，内蒙古人，2001年进入中国农业大学国际学院攻读计算机科学专业。硕士毕业于约克大学软件工程专业，博士毕业于华北电力大学电力运营管理与决策专业。现就职于京能集团北京京能清洁能源电力股份有限公司，任办公室副主任。曾于2015—2017年期间在北京市延庆区八达岭镇石峡村挂职第一书记，先后被人民日报、北京日报、首都建设报等多家媒体报道。

收到母校的约稿之后，一直在思考要写些什么。是给师弟、师妹未来的职场发展提供一些建议？自己颇感信心不足，打从当年从外企辞职之后，转身投入国企，从此远离风云叱咤的精英职场。想必未来的诺奖得主、投行精英们是从我这里得不到什么有价值的建议了。还是以师兄的身份说教一番？已然快要奔四的我跟现在的零零后光代沟就可以以光年计，哪还有人愿意听你唠叨。就这么一耽搁，稿期已经临近，终于在一个夜晚，自己静静地坐着回想过去，恍然记起第一次走近国际学院已经是十八年前。

而在此之前人生度过的第一个十八年，从现在能回忆起的来算，似乎一直都被两个字折磨着：高考。不管是家长还是老师，无一不是时不时就在提醒着我这两个字，就更别提黑板上方高考倒计时的牌子了。所以在完成了这个终极目标时，以至于在成功进入大学之后一度有一种"海阔凭鱼跃、天高任鸟飞"的空虚：接下来我该干嘛？其实细想一下，这几乎是国内很多学生的通病。有多少人不是在高考前拼尽全力冲刺，在进入大学后开始快意人生的！反观国外情况是：学生在基础教育阶段，是在一种被充分调动自我主观能动性的氛围下成长，有机会对人生进行更多的思考，自行设立目标。在有机会进入高校进一步深入学习时，这种自发性思考能力和设定的目标再反过来驱动学生在相关领域去探索和学习，最终会形成终身学习的良好习惯。而这些是我在真正有机会接触并且逐渐适应西方的教育体系之后才慢慢想明白的。

正是在当时这样的背景下，我迎来了人生所遭遇的第一个巨大的挫折：由于自己个人的失误和疏忽，本来应该在大二结束之后继续去英国完成剩余课程的学习，却突然接到通知说学分不够，需要延迟一年赴英。这件事对自己的冲击，以至于到现在还能很清晰地回想起当时的感觉：那种意想不到的打击所造成的布满身心内外的寒意，连夏日的烈阳照在身上都不能驱散。我今后该怎么办？怎么面对学院的老师？怎么面对当时同级的同学和马上要成为同学的原本低一级的师弟、师妹？所有问题铺天盖地地袭来，直至将我整个人淹没，连挣扎的力气也全部耗尽。在经过一个暑假的调整之后，自己都已经忘了是怎么恢复过来的，大概就跟所有伤口最终都会愈合是一样的。返校的日子最终还是来临了，该面对的始终是要面对，就让一切重新开始吧。

在返校之后，很清晰地记得第一个活动就是在学院老师的组织下迎接新生入学：协助他们办理入学的相关手续，带领他们熟悉校园，向他们讲述和传授经验，同时也被他们身上的朝气和活力感染着。慢慢地，似乎自己当时的顾虑已经不是什么问题。不足的学分也该重新补起来了。曾经一直以为自己在学习上只能做到中等偏上的水平，那么既然是一个新的开始，这一次为什么不逼自己努力做得更好一些，相应的就是需要付出更多的时间和汗水。而另外一边，新一届的学生会竞选活动也拉开帷幕。当我第一次站在台上，面对着全学院老师和同学真诚、激昂地发表完自己的竞选演讲之后，我知道自己又一次挑战了自己的极限。最后我有幸当选那一届的学生会副主席。学年结束之后，我也拿着全 A 的成绩继续赴英学习，在英国完成本科最后一年的学习后，研究生被约克大学录取。时至今日，我反倒是非常感谢那人生突然袭来的第一个打击，其中经历的过程虽然不易，然而没有这一次，就没有机会看到一个不一样的自己。

在当时迎接新生入学的时候，有幸认识一位很优秀的学妹，在聊天的时候得知她还有坚持慢跑的习惯，当时顿觉汗颜。一个看似柔弱的女孩子能做到的事，难道自己做不到吗？自此之后，便强迫自己开始慢跑健身而一发不可收拾，并形成习惯保持至今。2003 年冬天，北京下第一场大雪的夜晚，校园里的学生都在赶着回宿舍，我一个人冲进操场跑完了自己设定的圈数。2006 年夏天，在赶着完成硕士论文最紧张的阶段，我每晚都仍然坚持夜跑，硕大的约克大学操场，只有星光与我为伴。以至于之后人生很多次遇到紧要的关头，我可以鼓起信心告诉自己再坚持一下，我能做到的。正是这份信心，让我可以勇于拥抱生活，大胆尝试。我敢学习单板，在雪山驰骋；敢学习浮潜，在大海徜徉；也敢学习 MMA（结合拳击和巴西柔术的综合格斗术），无惧对手的重击。我的生活被赋予了更多的意义。

在人生的两个十八年交替的阶段，我很庆幸自己是在国际学院度过，这段经历让我学会了去思考人生、直面挫折、挑战自我、热爱生活。在学院 25 岁生日之际，我想衷心地说一声，谢谢你。

匆匆那年，永在心间

胡　冰

胡　冰

作者简介

胡冰，北京人，2002年进入中国农业大学国际学院中英项目工商管理专业，2005年毕业。研究生就读于英国萨里大学，市场管理专业，优秀毕业生。现中国政法大学犯罪心理学博士在读。国家二级心理咨询师，笨鸟盛世（北京）教育科技有限公司，联合创始人。自媒体公众号：小幸福夜校。家有7岁男宝一枚，三口之家。

2019年，己亥猪年。

大年三十的春晚上一曲《今夜无眠》，把我的思绪带回到了2004年国际学院的晚会上。那次晚会上，我不仅是主持人，也参与了舞蹈《今夜无眠》的演出。

转眼之间，毕业15年，国际学院成立25周年。

国际学院被我们戏称为“果园”，我们这些“果园人”在这个校园里一直就是不一样的存在。我们没有四年的朝夕相处，有的只是每年开学的班会和学期结束评选奖学金的团聚；我们不用为四、六级苦恼，却必须直面雅思的听说读写，过之天堂，反之继续；别人的作业是中文完成的，我们连数学课都是用英文学的；别人从来在宿舍一住四年，我们在到了英国后已经开始团队作战，过起了大家庭的日子；别人只有假期实习，我们却在英国面对学业之余，站过流水线、快餐店、服装店……开始自力更生；虽然我们的本科比别人少了一年，但我们经历的却是很多人未曾体验过的。

当中国农业大学110周年校庆的时候，当我被邀请进2002级的群的时候，当看着群里的人数一点点增多的时候，当看到大家晒出曾经的青涩照片的时候……一首歌跃上心头——《匆匆那年》。

匆匆那年，快乐真的很简单。不拖堂能吃到一食堂的鸡腿儿很开心；两块钱在大礼堂看个电影很开心；冬天的大学穿得像只熊在校园的雪地上拍照很开心；熬夜在自习室写作业到后半夜和闺蜜对打一百多局泡泡龙也很开心……更忘不了二食堂两块五一碗的牛肉米线，友谊餐厅门口晚上的啤酒和烤串儿，小卖部儿切好直接装袋儿回宿舍分享的西瓜，现在回想起来都是满满的幸福感。

匆匆那年，青春也青涩，勇敢，一往无前。像《匆匆那年》里的方茴和陈寻；像《致青春》的玉面小飞龙；像《十七岁不哭》里的杨宇凌和简宁；像《花季雨季》里的刘夏和王笑天……美好的年华里，用心去面对的情感，所有经历过的喜怒哀乐，付出也是一种收获。没有当初，我们在看电影时怀念什么呢？更何况2002级的“果园”同学，有多少对是从校服走到了婚纱，美好得想起来嘴角都带着笑。

之前自己曾经回过校园，看到以前的宿舍没有了，卖米线的二食堂拆了，卖卤鸡腿儿的一食堂也没有了，一到夏天满是槐花香气的操场也找不到之前的痕迹了，取而代之的是北京奥运会的摔跤场馆，正规的篮球场……曾经几次站在大礼堂主持晚会，表演节目，可上次院庆回去我连晚会举办的地点——曾宪梓报告厅都找了半天……

匆匆那年，一别 15 年。有的人真的是说了再见就再也未曾见过。即使是在一个城市里的闺蜜，一年也见不了几面，更不要说在茫茫人海中与曾经的同学体验一下偶遇的美丽。那天有一张图片，让我印象深刻。上面写着“你比我好多了，你待的城市没有我们的回忆”。是呀，我一直在这里，你们天各一方。

在我看来，人生就是不断地回顾与总结，展望与行走。有的人可以陪伴很久，有的人则只会陪伴你走一段路，不管如何，“果园”的你，是我青春年华这段美好路上珍贵的存在。

感谢有你，曾一路同行。

用国际化的视野和思维去迎接互联互通的新时代

——写给学弟学妹的话

胡 旭

胡 旭

作者简介

胡旭，北京人，2006级中国农业大学国际学院工商管理专业学生，2009级中国农业大学国际学院英国阿伯丁大学金融和投资管理专业硕士，2016级长江商学院MBA学员。在校期间曾任国际学院学生会副主席，曾获国际学院优秀学生干部、社会工作一等奖学金、香港崇正奖学金等荣誉。2009年，经全英学联选派，作为学生代表参加温家宝总理访英活动。硕士毕业后，先后任职国电集团资本控股公司金融业务经理、神华集团副总裁秘书，现为国家能源集团神华物资集团副处级干部。

在国际学院成立25周年之际，作为一名学长，我感到既荣幸又欣喜，因为有幸能够作为校友给学弟、学妹们谈谈自己的学习工作经历，希望一些经验对他们能够有所受用，又高兴地看到国际学院培养了一批又一批优秀的人才进入社会，贡献自己的专业知识，这也正是我们国际学院用国际化教学模式回馈社会的最好体现。

有人会问我，大学时你最难忘的经历是什么，最交心的朋友是怎么认识的，一些好的工作习惯和生活习惯是怎么养成的。我会说，在国际学院的学习与生活是影响我一生的财富，我结交的良师益友很多都来自国际学院，参加工作以来养成的严谨性、纪律性、规范性做事习惯也是我在国际学院时打下的基础。

我认为大学阶段是学生时代最美好的时光。当然，在大学之后很多同学还会继续学习攻读硕士博士。但是大学是针对专业发展的基础教育，是一次学习兴趣和特长的选择、挖掘、延展的阶段，是一个加深自我认知和激发多元潜能的过程。尤其是国际学院的国际化教学模式，使学生能够提早地熟悉并融入到国际化的学习环境，通过强化英语学习，让学生能够融会东西方思维思考问题，进而转入专业课的学习，能够更深入地理解掌握专业领域的学术知识。

在国际学院国内的学习时光为我到英国继续深造创造了一个很好的提前适应熟悉的环境。学院的外教老师已经教给了我阅读、查找文献和小组讨论的学习方法，学院的教学环境和阅读资源助我开拓了国际化视野，锻炼了我的批判性思维，让我能够独立地思考、发表自己的观点，在一个开放共享的学习氛围中和同学们碰撞思想。

用我一个学长的视角回看过去，大学时光不仅是学习的乐园，丰富多彩的社团组织活动也给同学们提供了展示自我的平台。回想我大一时竞选学生会副主席时的情景，竞选的过程本身就是在锻炼自己人际交往能力、规划筹备能力、临场发挥能力，这也使我在国内和国外都能够发挥自身的影响力，带动同学们参加学生会和学联组织的各种文体活动、知识竞赛、社会活动，同学们在活动中彼此了解，交流心得，增进感情，相互促进提高。现在都是“90”后、“00”后的学弟、学妹们，在这个多元化国际化的学习环境中，你们本身就思想活跃、前卫，在学院更应该发挥主观能动性，多贡献自己富有创造性的灵感和思路，把好的学习方法、好的活动点子分享出来，因为国际学院的舞台就是为你们量身定做的，就是让你们充分展示和炫耀自己的最美舞台。

也有同学会问，我看那么多优秀的校友毕业后都进入央企、外企，还有像四大等金融投行机构，我毕业后是回国发展还是在海外工作，发展方向怎么选择。可能毕业之后你的选择会很多，现在国内就业形势良好，你最终的职业岗位也不一定与你所学专业完全一致。大学学习是日后步入社会这个大课堂的基础课程，你们应该在学习中认真琢磨思考将来事业的发展方向，进而朝着既定目标有针对性地进行学习、阅读、实践和拓展。即使没有明确的最终方向，也不要着急，大学可以成为你们摸索自身兴趣和潜力的挖掘期，要尽可能多地尝试和了解更多的领域。

大学也是个人思想和习惯塑造的过程。我的学习习惯、生活规律都是在那个时候养成并保持至今。我毕业回国后在国电集团从事过金融业务，到神华集团美国公司做过国际贸易，后来担任神华集团的领导秘书，直到走上现在的中层管理岗位。回想这几年的工作经历，每一个岗位对我都是一个新的锻炼，从学习行业知识、了解公司经营状况、打造公司竞争优势，到洞悉领导思路、公文材料撰写、重要决策部署，都离不开在国际学院的学习、学生工作、组织生活中一点一滴的积累沉淀。初入职场的同学都会有一个适应过程，在工作中应该培养自己发现问题、解决问题、总结问题的能力。事前有谋划，事中有落实，事后有回馈，只有在工作中不断地总结回顾才能在一个岗位上干精、干实、干细，才能不断地提高自己的能力水平。

离开国际学院的10年时光，无数的珍惜与留念，忆往昔峥嵘岁月，仿若昨日重现。国际学院开创了一种特有的国际化教学模式，让广大学生不出国门就获得英美两国的学习体验，让走出国门的学生能够继续秉承并发扬国际学院的人文精神。希望你们珍惜在校学习时光，珍重师生之情、同窗之谊，在这个更加开放包容、互联互通的新时代，发挥国际化人才应具备的优势，肩负更大的责任使命，向着自己的目标，不断取得更大的成绩。

来吧，就21天！

王子贺

王子贺

作者简介

王子贺，男，北京人，2006级中国农业大学国际学院市场营销专业学生，2009年毕业，大学期间获国际学院三等奖学金，获得新东方教师候选人资格，成功申请到校团委创业项目并创办"3&2水吧"，担任校乐团大号器乐声部演奏，国际学院英语辩论队队员，英语实验班成员，本科毕业之后就读于伦敦大学皇家霍洛威学院，获得国际管理硕士学位，目前就职于中国人民财产保险股份有限公司，负责全国线上（互联网）金融业务，任业务主管一职。

2019年春天的“京城满减”活动火爆全城，“满20减10”等一系列标语出现在天气预报中，很怀念农大校园主楼附近的春天。

没有什么天气是不好的，春和日丽与雾霾连绵差的只是一个心情，缺的是对生命的珍惜。

没有一个人是不重要的，差的只是一个坚持，缺的是对他人生命的赞美。

也许你还在犹豫自己要什么，或是还在憧憬着未来，我鼓励你在校园中开始一个21天的旅程。

或许是坚持21天每天早起去健身房“撸铁”，坚持每天去练习舞蹈动作，坚持每天在梳理自己的商业计划准备书，坚持每天多学习一个景点玩法，甚至每天坚持打游戏。你就有可能成为一个校园健美者，一个社团街舞达人，一个有学校学院支持的创业者，一个带给大家惊喜的旅行家，一个驰骋各校区的战队玩家，你会知道你是在珍惜你自己。

可能你会问，如果21天不够又能如何？那又怎样，再来一个21天，你就会看到不同，就看你是否敢于珍惜自己。

人生短暂，美好的农大时间亦不长，其实你在“果园”的学生时代在接近尾声，珍重自己。

美丽国院正当年，难忘年华有你伴

施荔雯

施荔雯

作者简介

施荔雯，2007级中国农业大学国际学院工商管理专业学生，英国伯明翰大学人力资源管理硕士。曾获校一等奖学金、国际学院社会活动奖学金，被评为优秀班主任助理等。毕业后先后在德勤会计师事务所、光大银行北京分行从事财税工作。中科院心理所儿童发展与教育专业在职研究生。人力资源管理师、家庭双向教养指导师、国家绘画心理分析师等。

转瞬之间，我们这批2007年进入国际学院学习的学生们已经到了而立之年，而培养我们的国际学院也到了风华正茂之际。国际学院简称国院，被我们戏称为“果园”。回首在“果园”度过的那些温暖日子，尽管短暂，仍旧记忆深刻。怀念每日穿梭于宿舍、教学楼的身影；怀念我亲爱的班主任、同学和舍友们；怀念中外教师颇具特色的授课方式。最让我幸福的是能当上2008年北京奥运会和残奥会的场馆通信中心志愿者，第一次深深感受到为社会、为国家做一点点贡献的自豪；最让我难忘的是能够成为下一届学生的辅导员，为他们答疑解惑，尽我所能地指引着和启发着他们；最让我骄傲的是我能在贝德福德合作学校，代表所有国籍的本科生给学校和政府领导建言献策。当然，“果园”对我有着更特殊的意义，我找到了生命中的“合伙人”魏上捷。他与我同班，后赴英国拉夫堡读研，曾在四大会计师事务所、知名互联网公司及投资公司等任职，目前为某创业公司CEO。在“果园”学习、生活的点滴细节会串联成最美好的回忆，成为我和爱人彼此珍贵的经历。当然，在这里我们也希望能以学长、学姐的身份和素未见面却尤感亲切的学弟学妹们聊几句。

学弟学妹们：

恭喜你们来到“果园”。在这里，你们能感受到多元文化的包容，接触到很多展现和交流的平台、得到宝贵的人生体验。你们都是过关斩将来到这里的，也一定会为了更好的GPA努力汲取知识。希望你们尽情地享受好每一天，给自己提前树立目标和榜样，多问问自己想要什么样的生活和工作，成为什么样的人；多体验不同的实习工作；向有经验的人士请教一些问题。大学生活少了以往中学“填鸭式”的作业和教学，没有了班主任的严格管理，尤其又到了中外教育体系的“果园”，很多人一定会放松身心。这里是你们即将绽放的起点，仍需要继续努力！自控力、时间管理能力、交流能力、抗压能力、情绪管理能力等都是没有人教授给我们的，但是我们应该在生活中总结和提高。这也是未来进入社会必备的素质和能力。

我很期望你们能有自己说了算的人生，有方向、有追求、有热忱、有激情。那么多年后你们也一定会在各自的岗位中大放异彩。就像 lady gaga 得奖后说的那样：It's not about winning，but what it's about is not giving up. If you have a dream，fight for it. 当然啦，大学不光是学课本，多和外教接触，多和不同院系的同学接触，体验心动的美好，加入心仪的社团等等都是很棒的选择。年轻的你们有无限的可能，一起努力吧！借用林清玄的话和你们共勉：我也愿学习蝴蝶，一再地蜕变，一再地祝愿；既不思虑，也不彷徨；既不回顾，也不忧伤。

Be yourself，create your own story.

Enjoy your life，enjoy the moment.

最后，祝福国际学院继续以高水准教育出更多的莘莘学子！

一苇以航

陈安琪

陈安琪

作者简介

陈安琪，北京人，2009—2014 年就读于中国农业大学国际学院传播学专业，2014—2015 年就读于美国西北大学，攻读整合市场营销学硕士学位。毕业后于美国就职于 Discover 信用卡公司（美国第二大信用卡公司）市场营销部数据分析小组，帮助公司精准获客，打造具有竞争力的品牌形象。2016 年底至今就职于保利集团全资的基金管理人平台保利资本管理有限公司，目前担任地产事业部高级投资经理职务，专注地产股权直投基金的募集工作并兼理公司高净值财富管理工作。供职三年期间，累计协助公司开发项目超过 70 个，落实募集资金超过 40 亿元。同时统筹建立公司投资人数据管理系统，帮助公司实现资源匹配效率最大化。

蓦然回首，已经从国际学院毕业五年了。

2014年，本科毕业于传播学专业之后，我如愿以偿地进入梦想中的美国西北大学全球排名第一的整合市场营销（Integrated Marketing Communications）专业攻读研究生。毕业后，我顺利留在美国工作了半年，但是我没有选择待在自己的舒适区，而是毅然决然地决定追寻自己的梦想。决定回国寻梦的一瞬间，我深知投身完全陌生的金融投资领域难度几何。自从我2016年正式入职保利资本之后，便专注于研究全国地产项目的股权投资，实操投资全国各地项目超过20亿元。后经提拔，由项目投资端转向资金募集端，三年间累计为公司募集资金达到43亿元，成为公司倾力培养的中坚力量。

而这一切都离不开国际学院对我的培养。在大学本科的最关键的成长阶段，国际学院不仅给了我一段无悔、光辉的青春岁月，更在潜移默化中对我思想架构与自我认知体系在深度、广度、韧度上进行重塑与扩展，为我日后的职业生涯奠定了牢固坚实的基础。

丰富的课程设置扩展了我的视角广度。国际学院所提供的丰富的学科选择，让我能自由地去吸收哲学、经济学、传播学、政治学等各领域我感兴趣的知识。这些慢慢构建起来的多元的思维框架，不仅让我拥有了更广博的眼界，同时让我明白同一事物在不同维度下思考完全可以呈现不一样的结果。也正因如此，我学会在面对纷繁复杂的社会时，用更高的格局去解释和阐释，而不是评价。不设限、不拘泥，这一点在工作中举足轻重。比如，投资中分析工具固然重要，但并不是唯一需要掌握的技能，如果只以单一模型去看待被投项目，往往会极大地低估项目可能带来的价值抑或是风险。另外，风险高的项目也并不是不适于投资。适当匹配的投资人与项目，运用多元思维模型论证其投资之合理性，而不预设立场地接纳理解每个投资人的专业背景以及风险偏好，最终达成目的。

开放的教育模式延伸了我的思维深度。国际学院的教育模式让我深深受益。外教们在课堂上从不强调答案精准，而是强调言之有物，述实有据，能够自圆其说。外教提出的每一个研究问题，都会要求学生去自行调研，彼此之间再展开深入的讨论。当然这会导致学生之间激烈地思想碰撞。而这一利器恰恰是日后伸张自我立场时的必备技能。得益于这种教育模式，国院学子进入职场后往往能直击问题要害，抓住公司痛点，以事实为论据争取最有利的立场。

包容的人文校风强化了我的行动韧度。除了广而深的思维框架为我在职场逐级晋升奠定下坚实的基础，国际学院助我建立起的自我认知体系更是在日后竞争中起到了至关重要的作用。自我认知体系，包括我的自尊自信的建立，以及以己之力撬动更多资源的能力。大学时期的自信自尊的建立将影响我们的一生。记得大学初期，我总是小心翼翼，生怕自己的一些大胆想法会被人质疑。但经过不断地尝试，我的一些想法得到了老师们的鼓励，让我知道恰如其分的自尊源于对自身价值的合理评估和肯定。也让我敢于抛弃对他人看法的关注，而专注实现自己的想法，并关注其所带来的价值。这样的教育模式带来的成长是潜移默化的，我慢慢从一个纠结派变成一个行动派。大三那年，我创立了中国农业大学创业联合会，旨为强化在校学生的社会实践。我们一方面帮助一些学生研磨他们的创业方案，帮助他们对接 VC 投资人；另一方面帮助一些渴望去大公司实习的同学寻找机会。截至 2014 年，创联累计帮助过中国农业大学各个学院的 140 余名校友找到心仪的实习岗位，并帮助一家我校学生创业公司争取到百万级别某行学生创业扶持基金投资。这一个个岗位背后是一次次卓绝的拼搏。最初的梦想，初心未改，创联仍然活跃在农大，延续至今。如今，每当我的工作遇到瓶颈时，总是会用那时的经历鼓励自己，行动是唯一实现自我的方式。

在国际学院的时光对我现在以及未来可能的职业生涯产生极其深远的影响。每当我回想起国际学院，我的感激之情依然鲜活而蓬勃。感激一点一滴的教育，一丝一缕的渗透，都让我的思维框架得以搭建，让我的自我认知体系得以闪耀出自信的光芒。我圆融的性格里，为人处世的原则里，以及最初的梦想里处处铭刻中国农业大学国际学院的烙印。

ICB 与我的二三事

韩诗扬

韩诗扬

作者简介

韩诗扬，1991 年生于北京，独立摄影师和撰稿人。2009 年进入中国农业大学国际学院就读传播学专业，2011 年前往科罗拉多大学（丹佛）继续进修，同时辅修了工作室艺术专业，于 2013 年 5 月毕业。自 2014 年初开始在美国萨凡纳艺术与设计学院攻读摄影专业研究生，并于 2015 年底毕业回国。个人作品曾在腾讯新闻、蜂鸟网、色影无忌、影艺家、Airbnb、TIME、FotoRoom、F-Stop Magazine 等国内外媒体发表。曾供职于 Lens、中国国家地理·地道风物，担任摄影师、文字编辑。

2019年初，我和另外几个大学同学小聚。在国际学院读书时，我们四个人住同一间宿舍，感情最是要好。毕业后，大家又各自读了研究生，而后工作生活忙忙碌碌，有的回了北京，有的去了其他城市发展事业，有的留在了美国。好在我们从没断过联系，每年也总是要见上那么几次，平时更少不了随时问候关心。见面时，我们都还像当初那样，聊到兴致高昂处可以笑着滚成一团，似乎永远有说不完的话要分享给彼此。

“欸，这是咱们认识的第十年了啊！”有人突然说道。大家都愣了愣神儿，然后一起感叹：“还真是，十年了！”我想，大概是因为我们总是联络、从未疏远，就不大能感觉到时间的变化。也是有了她们几个人的存在，让我回想起那几年倏忽而过的大学时光，更多了些珍贵和亲切的回味。

十年前的夏末初秋，我们刚刚入学。当时，国际学院的中美科罗拉多大学项目一共有五个班级，四个经济班，还有一个就是我们所在的传播班。传播学的专业听起来的确很“适合”女孩子，字面上理解就是毕业后能进入到新闻传媒之类的行业。很多家长一看，纷纷点头：“那不就是可以进电视台吗？挺好，挺好。”不过，也是到了后来，我们才发现，传播学的可能性其实太多了。我现在偶尔会想，如果当时没选择学传播，我还会不会从事现在的工作？那可真是不好说。

美国重视基础素质教育，我们大一的时候没有专业课，上的基础课里还包含了数学、生物、写作等。作为一个文科生，数理化生的噩梦就这样伴随我进入了大学，还是全英文的授课……我常常一边在深夜的台灯下用英语解着各种大题和方程式，一边想着小说杂志里写的大学逃课谈恋爱出去玩儿、让同学帮着签到、考试临时抱佛脚再打个小抄儿等种种情节，怎么都没在自己身上发生过。

大二后，我们可以自主选择专业课和辅修课了。从此又开始了和Presentation（报告陈述）、Paper（论文）以及各种Teamwork（小组作业）的“相爱相杀”。传播学的课程对英文的听说读写都要求极高，从它的专业名称Communication就不难看出来，要用各种方式和各种对象进行传达和沟通。同时，它还和人类学、语言学、哲学、社会学、心理学、新闻学等学科都有交叉，研究范围广泛，可见传播学的课程内容之丰富。其实，十年过去，我已经不大记得上过的具体课程了，但那种独特的美式教学方式和上课氛围一直让我印象深刻，也对我后来看待事物的思考方式有诸多影响。

国内的传统教学很明确地划分出老师和学生的界限，老师讲的都是对的，我们也要好好听话，而所有题目都有着所谓的“标准答案”。我在不知不觉中跟着固有的教育模式成长，非常死板、不知变通、缺少创新。当然，现在的国内教育已经好很多了，但在过去，大多数学生应该都是和我有着相似的感受和经历。进入国际学院后，才发现上课其实也是一件有趣的事情。

我们的老师基本都是从科罗拉多大学派过来的外教，有的常驻在ICB，有的只是因为这学期国内开了某节课而被派遣过来。外教们风趣幽默、随和亲切。他们不仅仅讲授课程，更多的是带着所有学生一起讨论，像聊天一样轻松，互动性非常强。中国学生不爱发言，刚开始多少有些生涩，在适应了一段时间后，通过老师的不断引导，大家慢慢愿意主动发表一些自己的观点，甚至不用举手，随口接上老师的话都可以。即使说“错”了，也没关系，没有人会认为你的解读就是错误的，老师会给予鼓励和肯定，让我们去接受和倾听各种各样的“不同”。如果可以简化成几个短语来形容我当时学习的感受，那就是自由、平等、多元。我也是在那个时候才意识到，在这里，我们每个人都是独立而独特的个体。

我记得当时教传播学的一位很年轻的老师名叫Patrick，好像是混血来着，身上有中国血统，也是常驻在国际学院的外教，我们亲切地叫他“小拍”（Patrick名字里“Pa”的中文谐音）。小拍个子不高，脸圆圆的、眼睛也圆圆的，像个娃娃，总是笑眯眯。上课的时候，觉得他不像老师，更像是我们的同龄人，课堂永远是在轻松的氛围里度过，他嘴里偶尔还会蹦出几句带着口音的中文，逗得大家直笑。

我们对国际学院还有两个“爱称”。一个是ICB，来源于它英文全称的首字母缩写——International College Beijing（ICB）；还有一个是将简称“国院”谐音后的称谓——“果园”，听起来瞬间朴实可爱了许多，十分接地气。课余时间，我们ICB学生也是从不“消停”的，学院里有许多有趣的社团，还有自己的学生会……虽然，我都没参加过。大概性格使然，自由散漫惯了，总觉得参加社团就有了责任和束缚。不过，我倒是和学生会的同学们都很相熟，可谓打成一片，他们如果有什么需要，我也都很积极去帮忙。这样一看，我更像是一个“外援”，不过也乐得自在，来去自由。

ICB的中美科罗拉多大学项目很“弹性”，可以选择四年都在国内读完，也可以选择大三的时候去美国的合作院校继续完成学业。我属于后者。在国外的留学生活，新鲜又充满挑战。不少学生出国以后，假期都会在美国自驾旅行，而我出于一些个人原因，寒暑假都会回国。于是，大一到大三的每个夏天，我都会混迹在ICB办公楼的一层大厅，忙得不亦乐乎。5～7月，是ICB的招生季，招生办公室的老师只有一两个，根本忙不过来，就需要学生志愿者来帮忙招待家长、答疑解惑。作为传播学专业的学生，也有了一个让我发光发热的机会。

最有成就感的事情，自然就是让不少家长对ICB有了更丰富全面的了解，也成功让许多不知道给孩子报哪个专业的家长坚定了报传播学的决心。记得当时一个阿姨带着女儿过来报名、了解学院和专业情况，我们聊得投机，阿姨还客气地说让我以后多照顾妹妹。姑娘确实十分争气，成功考进了传播班，成绩非常优秀，成为了我下一届的学妹，她后来也选择出国去了丹佛。无论在国内和国外，在学校时还是毕业后，我们一直都是非常好的朋友。

后来，学院还给我颁发了优秀志愿者的证书。这让我还挺不好意思的，因为我觉得自己并没有做了什么了不起的事情，而只是做了我认为应该做的事情。

进入ICB之前，甚至是刚刚入学后，我都是不想出国的。总觉得要花很多钱，又不知道最后能得到什么样的结果。我对自己没什么自信，也认为对于出学费的父母来说会是一笔风险很大的投资。不过，没多久我就狠狠地打了自己的脸——美式授课怎么可以这么有意思？我们的外教怎么这么风趣可爱？同学们都这么上进，我觉得自己也要好好努力和大家一起出国才行啊！我想，这笔学费，一定会花得值。话说多了显得矫情，但我在ICB确实收获到了太多无价的东西，我的教授、同学、上过的课、参与的活动，都是珍贵的宝藏。所以我才愿意做志愿者，我希望有更多人了解 ICB 的好。

在科罗拉多大学本科毕业后，我继续在另一所理想的学校里攻读了摄影研究生，而后回国工作。第一份工作是在一家我喜爱许久的文化传播公司做编辑和摄影师，工作内容对英语的听说读写、国际化视野、审美能力、传播学专业的实践应用都有很高要求。我曾经参与采访拍摄匈牙利导演贝拉·塔尔、英国雕塑家安东尼·格姆雷、瑞典歌手苏菲·珊曼妮、马格南摄影师久保田博二；也曾受新西兰旅游局邀请，和团队一起赴新西兰进行采访拍摄，最后完成一段视频短片。而我后来再换的工作，也都是和文化传播行业相关。

爱一行、干一行，我在工作中确有不断地积累和成长，但若是追根溯源，还要回到大学时的起点，那个在国际学院读传播学的起点。人生中有很多际遇，而我庆幸的是，在自己当时的诸多选择中，做了最适合自己的决定，而后发生的一切，才成就了今天的我。

你也可以成为学霸

李　想

李　想

作者简介

李想，2009级中国农业大学国际学院传播学专业学生，2013年毕业，获传播学专业学士学位和国际研究辅修学位。目前在美国弗吉尼亚州Regent University攻读国际传播专业博士学位。未来希望能够在新闻传播领域从事相关工作，通过传播学研究让世界各国了解中国，让中国走向世界。

大家好，很开心大家来到“果园”学习，希望大家能够在“果园”度过一段美好的时光。相信大家最近有很多作业、很多 presentation、很多考试，大家辛苦了！

其实，我也是这样经历过来的。来到“果园”，最大的不同是我们来到了一个国际化的课堂，我们接触的是来自国外的教授、接触的是国外的思维。我觉得最值得我珍惜的是教授们鼓励我去用不同的想法、不同的角度去想问题。同时，教授也鼓励我们在课堂上去分享自己的观点，去讲述自己的经历。不光在课堂上，在作业上也是如此。教授们希望能够通过讲述自己的故事看到我们的闪光点、看到我们的价值。这种自由、分享式的学习令我印象非常深刻。

我知道，因为英语问题，或者文化背景不同的问题，每一位兄弟姐妹们可能不敢和教授聊，或者担心自己说错。很正常，我也同样经历过。其实，国外的教授都很好，他们不怕你说错。就算你做错，他们也会用一种友好的方式给你纠正。不用担心自己的错，有时候，出错了也许也是一件好事儿。从错误中进步是一种价值。大家好好地享受在课堂上的每一分、每一秒；珍惜每一次和教授交流的机会。每一次交流的机会都是进步的开始。好好珍惜这个自由化的课堂。你会有不同的视野，你也会看到不同的自己。

说到我的“果园”经历，我非常想说的就是奇迹。大一开始的时候我在班里的成绩并不能够说是学霸级别的。可能是对大学学习还不适应，或许有可能还是不知道美国的课堂是啥情况，因此大一过得还是非常狼狈的。当时，我并不是很上进。由于家在北京，每次下午下课后直接回家，也不参加任何的学校活动。我的大一，非常单调。

直到大二的时候，看到我身边许多我认识的、我非常多的好友已经成为辅导员、有的已经在学生会闯荡，还有的已经走向社会开始实习的时候，我知道我已经落后他们太多了。直到这个时候，我才意识到学习的重要性、参加学校活动的意义。我意识到我要走出家庭，去面对社会。在大二，过得最有意义的就是我通过“果园”的平台获得了第一份实习。那是一个媒体单位，我知道了如何做编辑。同时，我也知道了什么是传媒。那次的实习令我印象深刻。还有一个可贵的是，我知道了我如何适应美国课堂。虽然大二的成绩也并不是学霸级别的，但毕竟当时我也有想着去美国读研的想法。这也为我的大三和大四的学习做了铺垫。

大三，在经历了前两年的磨炼之后，我也适应了美国式的课堂，还有美国式的授课方式。更重要的是我弥补了前两年成绩的不足。这一年，我不光成绩上有了飞速的长进，通过和教授们的交流，我也发现了我自己思维的不一样。曾经，我希望自己的研究生专业能够是新闻、播音、广告、电脑设计等。可经历了大三，我将自己的专业定位在学术，并且当时也有了读博士的想法。

大四，也经历了特别多的波折。申研道路上遇到了很多挫折，但后来还是让美国的传播学名校之一的丹佛大学录取。当时，我觉得还是对得起自己的大学四年。同时，我还获得了传播学荣誉学位（Cum Laude）和 UCD 文理学院荣誉学位（Honors）。“果园”的四年，我也想不到我经历了一个奇迹般的四年。

我在丹佛大学读了两个硕士，一个是传播学研究、一个是全球事务。读两个硕士的原因是希望能够让自己在找工作的道路上面更宽，而且除了传播之外，我也特别地喜欢做国际事务。当时，我并未想过要读博士。直到我在丹佛大学期间，我有四次美国学术会议的演讲经历后，我发现了我做研究的潜力。于是我决定读一个全球传播的博士。目前，我通过了博士资格考试，已经进入到论文阶段了。

正在准备论文，虽然我很忙碌，但我还是很开心能够在百忙之中能够将我的故事分享给兄弟姐妹们。也许大家也会跟我一样，有不同的问题、不同的困难还有不同的担忧——担忧自己不是大学霸、担忧自己不优秀。但是，通过我的经历后，我想说：“不用担心，因为大家都是优秀的。只要有一颗对生活热爱的心、对学习保持兴趣的心，以及一个爱问问题的心，相信大家都可以创造奇迹。”我仍然记得每次下课的时候，我总是可以跟教授聊 40 分钟到一个小时，包括研究生时期也是。好好珍惜身边的资源，一个不同的世界会非常精彩。

“果园”25 周年了，很开心大家能够成为“果园”大家庭的兄弟姐妹。祝愿大家能够在“果园”度过美好的生活、充实自己的经历、书写属于自己的“果园”故事，让自己的人生更精彩、更有意义。要相信，“你”也可以成为学霸。

感恩有你

郭东湖

郭东湖

作者简介

郭东湖，中国农业大学国际学院 2010 级经济学专业学生，毕业后从事金融投资行业。现为北京聚森投资管理有限公司董事长，上市公司石大胜华（603026.SH）投资并购合伙人，山东汇通利华生物科技有限公司董事，山东德密特香料有限公司董事。从业以来，深入覆盖和研究在精细化工领域的投资，尤其在新能源汽车的锂电池电解液溶剂行业中，建立了与比亚迪、新宙邦、天赐材料、日本三菱、松下、韩国 LG、波兰 PCC Rokita 的紧密合作关系。2019 年 3 月，在深入研究了欧洲新能源汽车市场后，决定跟随日韩锂电池巨头在欧洲的布局，在波兰开展投资建设锂电池材料项目。

岁月不居，时节如流，伴随着伟大祖国 70 年的诞辰，我的母院——中国农业大学国际学院也迎来了自己 25 岁的生日。作为国际学院的一名年青校友，感谢学院一直以来对我的培养和支持，趁此机会，我将学院学习期间的体验和感受同大家分享。

首先感谢学院为我们营造了一个宽松、包容、启发式的学习和生活氛围。在校学习期间，给我感受最深的是经济学专业老师注重书本知识和最新宏观微观经济实际变化相结合，将教材中的理论知识转化为经济学思维，让原本枯燥的理论教学充满趣味。我个人认为，金融投资行业其实最重要的是投资逻辑，在国际学院，无论是中方老师还是美方老师，都注重讲逻辑，注重让学生们在经济学思维体系下享受学习的过程。此外，老师们还特别注重理论在实践中的应用，通过真实的案例让我们更加理解书本知识，感受经济学的魅力。学院先进的教学模式和理念，让我更加喜爱经济学、理解经济学。希望同学们能珍惜在学校读书的时光，努力汲取知识，锻造能力。充分利用学院提供给我们的资源和平台，让自己得到全面的发展和进步。

还记得在我的毕业典礼上，当年的柯炳生校长在讲话中引用了几个经济学的概念，“需要”“效用”“投资”“品牌”，给我留下非常深刻的印象。柯校长教导我们走上社会以后要做一名有理想、肯付出、有信誉、对社会有用的人。现在回想起来，逐渐理解了柯校长对于我们的殷殷嘱托：面对社会上的种种诱惑，只有坚定的目标和理想能让我们在纷繁复杂中保持头脑清醒；世界上没有免费的午餐，幸福是奋斗出来的，不要抱有不劳而获的幻想，只有努力和奋斗才能获得美好的生活；无论何时何地，都要保持学习进取的精神和态度，认真做好每一件小事，提升自我，实现自身价值。这也是母校除了教授我们知识以外，传递给我们的价值和力量。经济学的道理不仅与金钱有关，也与人的成长有关。在未来的道路上，我也将继续以“需要”“效用”“投资”“品牌”为我的座右铭，与大家共勉。

大学时光是我人生中非常美好的一段时光，在这里，我投身于自己热爱的专业，结识了一群志同道合的良友，遇到了人生中的伴侣，也找到了未来努力的方向和目标。感谢学院老师们一直以来给予我的谆谆教诲；感谢同学们四年之中的相知相伴；感谢学院提供的资源与平台，让我在人生中非常重要的阶段里能够不断成长与积累。在这里，我真诚向我的母院道一声感谢，也衷心祝愿国际学院在未来越办越好，再谱华章！

致国院，致青春

郭胜军

郭胜军

作者简介

郭胜军，女，汉族，1992年6月出生，中共党员。2009年被评为河北省优秀学生，2010年保送至中国农业大学，就读于国际学院传播学专业中美105班。在校期间，学业成绩名列前茅，担任校民乐团琵琶声部长、院系学生会组织部部长、学生工作办公室助管等职务，荣获国家奖学金、北京市优秀本科毕业生、校级三好学生、学习优秀一等奖学金、社会活动一等奖学金、美国科罗拉多大学（丹佛）一等奖学金、优秀学生干部等荣誉。2014年保送至北京大学攻读硕士研究生学位，担任北京大学研究生会第二十五届常务代表委员会联络部部长、院系研究生会常务代表、院系团总支宣传部部长、班长等职务。现任中共河北省委办公厅秘书三处副主任科员、张家口市康保县土城子镇大盐淖村村官。

国之大计，教育为本。国际学院始终秉承包容与创新的教育理念，给年轻人以鼓励，给好学者以培养，给奋进者以平台。国院，正如其名，像一座生机盎然的“果园”，为每棵树苗提供充足的阳光和养分，让我们在这片成长沃土抽丝发芽、蓬勃生长。在这里，每位老师从未套用“优秀”的模板把所有学生打造得如出一辙，而是提供尽可能多的可能性，给予同样的关爱与呵护，指引着一代代青年走上不同际遇和机缘的新征程。在这里，你有多精彩，国院就有多大的舞台。

犹记得来国院报到的第一天，迎接我的是老师充满鼓励的殷切期望，是师兄师姐不断指点的热情照顾，是学院一应俱全的后勤保障……这一切，让我彻底打消了初入大学校门的焦虑和不安，迅速融入新环境。国院四年，磨心砺志，收获颇多。国际化学习环境的熏染，学术思维的碰撞，良师益友的陪伴，构成了我人生中最为难忘的青春时光。这其中不仅仅是角色的转变，更是心态的蜕变和成长。在这里，我想细数一下，那些年，国院教会我的几件事。

青年不可不立志，有理想，就会有追求。古人说“器大者声必闳，志高者意必远”。青春是用来奋斗的，只有找准目标和方向，面对矛盾、纠结、彷徨时，内心就有坚持的理由和选择的标尺。从大一开始，班主任老师就引导我们思考未来想做什么、从事什么工作。同时，学院配备了 Academic Advisor 对我们的学业规划和职业选择进行实时指导。对于社会实践活动，特别是大学生职业挑战赛，学院始终给予大力支持。前行不忘来时路。从课堂到实践，国院时刻给予学生鼓励和鞭策，让我们不要忘记当初为什么来到这里学习，不要忘记自己今后的发展方向，坚守初心，敢想敢做，用实际行动追梦筑梦。

青年不可不学习，肯吃苦，就会有收获。在国院学习生活中我所感受到的，既有滚烫的使命也有澄澈的情怀，既有深沉的思考也有简单的快乐，既有催人成长的压力也有脚踏实地的态度。大一课程多、时间紧，为了备考托福，我只能利用课余时间练口语、刷真题，连续一个月，每天自习到校图闭馆；孟繁锡老师带领我们在 URP 项目中探索科研的乐趣，并在设计问卷、分析数据、撰写报告等环节进行耐心指导，时刻注意培养我们严谨认真的科研态度；担任学生会组织部长后，熬夜通宵成了家常便饭，筹备圣诞晚会、制作宣传视频、组织评选优秀团日活动……为了更高效率的工作，每天坚持写工作日志，总结经验，改进做事方式方法。国院平台高、资源多，但它教给我的绝不是自命优秀、止步不前，它教给我的，是深知一己的能力和见识有限，要不断自我加压，让自己吃苦，不给自己创造懒散的机会。

青年不可不奉献，敢担当，就会有力量。担当并不是一个甜美轻盈的词汇，而是一副沉甸甸的担子，负重前行才是新时代优秀青年应有的模样。大学毕业后，身边同学有的出国留学，有的入职名企，而我决定留在国内读研深造。当时面临不少质疑，因为本科一直接受全日制英语教学，国内读研就意味着语言环境的改变，很是可惜，而且从传播学专业转到教育学专业，跨度较大，需要恶补专业知识。但我认为，学习教育学意义重大，不仅有助于树立正确的教育思想，全面提升教育质量，对于推动学校教育改革和教育科学研究也至关重要。黄冠华院长对我的决定很支持，同意帮我写推荐信，并鼓励我坚持下去，好好钻研，争取取得新成果。作为一名初出茅庐的毕业生，我十分感谢这份委以重任，老师的每一声嘱托让我更有担当，每一次认可让我更具力量。研究生毕业后，我选择成为一名河北选调生，因为我坚信，年轻人就应该干点年轻人该干的事。修身、齐家、治国、平天下，回归河北更能读懂祖国，扎根基层才能茁壮成长。面对各种选择和诱惑时，敢于担当、勇于作为。这是国院为我上的最后一堂课。

任时光荏苒，初心未改。青春不仅是年龄的标签，更是一种进取的精神，一种昂扬的状态，一种拼搏的意志。感谢国院的培养，让我们明白，成长不是一个人孤芳自赏、卓尔不群，而是一群追梦者相互扶持、共同进步。我相信，那些曾经憧憬的，会因为我们的不懈努力而日益清晰；那些未曾到来的，也会因为我们的坚定不移而终将获得。

“青年兴则国家兴，青年强则国家强。”新时代，给青年人带来了新的机遇和更加多样的发展舞台。我们定当守初心、担使命，方能不负这青春岁月。躬逢院庆，与有荣焉。祝福国院，一路辉煌！

写给回忆，写给你

林里嘉

林里嘉

作者简介

林里嘉，男，北京人，2011 年进入中国农业大学国际学院攻读经济学专业。在校期间获校三好学生奖学金、郝恬奖学金，任中国农业大学武术协会会长，并利用假期前往坦桑尼亚进行公益活动。2013 年前往密歇根大学继续学习，2015 年获密歇根大学学士学位。2016 年前往俄罗斯从事学术研究，并获俄罗斯政府奖学金，2018 年获俄罗斯高等经济大学硕士学位。曾先后工作于大连商品交易所期货与期权研究中心，俄罗斯天然气工业银行，现就职于 Xploration Capital 风险投资基金。

在国际学院成立25周年之际，我很荣幸地获得这个机会写一些我的感触。作为一名普通的2011级校友我希望能以一个朋友的身份向大家分享我的农大经历并为大家的学习生活提供一些建议。

2011年的夏天我第一次踏进农大的校门，像大多数已经体验过或正在经历的同学们一样，大学这个“小社会”对刚刚高中毕业的我来说充满了新鲜感。来自天南海北的同学、多元的价值观以及无拘无束的自由使我眼界大开，无比兴奋。大学时光是快乐的但终究是短暂的，在四年的时间里很多人不只收获了专业知识，更丰富了人生阅历并形成自己人生观、价值观的雏形。

作为国内中外合作办学的典范，国院倾尽全力地在一个中国大学校园里为学生营造出国际化的教学氛围。全英文浸透的教学环境以及繁杂的科目不免会让很多刚入学的同学感到不适并产生畏惧，但要知道，相比那些只能学习中文内容后自学英文内容的同龄人来说，一气呵成的全英文教育已经是事半功倍了。在国院的日子我有过喜悦也有过遗憾，作为一个过来人我希望和大家分享一些我的经验供大家参考。

不要自我放弃

我希望大家在面对繁重的学业以及考试时不要轻易放弃。也许你曾不止一次的听到“不挂科”“求过”这种大家挂在嘴边的口头禅，但仅仅及格这种目标未免太低了。对于学经济或金融的同学来说，不管是毕业以后进入大企业的面试，或是进行研究生或博士生的申请，GPA永远都是很重要的一项考核标准。它不仅反映了一个人掌握知识程度的高低，同样它间接地映射了一个人在面对困难时的处事态度以及意志坚定力。一个连专业知识考试都将将及格的人，又怎么能赋予其工作或学术上的重任呢。

因为国院的招生特殊性，每年会录取很多单招的同学，而其中不乏高考失利和怀有更加远大志向的同学。我希望单招的同学对自己更要严格要求，不轻易言弃。我在国院学习时遇到过一些单招生同学，他们认为相比统招生来说自己基础较差，毕业后又没有中国农业大学承认的文凭，所以学得好不好并没有什么区别。我当初也是以单招生的身份进入国院学习，并且在分班考试时也没有取得较靠前的名次，但我从来没有以此作为我不如其他同学的理由。基础差也许是事实，但并不是不能通过努力弥补的。词汇量少可以每天背，口语差可以多加练习，上课内容搞不懂也可以勤向老师同学请教。学习知识是为了丰富自己的见识，而不是为了文凭这一张纸。我认识很多单招毕业的同学在名校继续攻读研究生，“镀金”的机会有很多，为了单招的身份而自暴自弃大可不必。

多掌握一门语言

这里我指的既是掌握一门编程语言，也包括学习一门第二外语。

记得当初在国院学习时第一次接触到的编程语言是学习计量经济学时的 Stata，一款通过简单指令进行数据处理的程序，之后隔了很久才陆续学了 R，C＋＋和 Python 等功能更强大的编程语言。在这个被数据驱使的年代，无论毕业后从事经济、会计或是金融类工作都离不开和大量的数据打交道，掌握一门编程语言很快就会成为一项必不可少的知识储备。对于在中学阶段已经学习过编程知识并熟练掌握一门编程语言的同学，我建议在大一大二打好微积分、线性代数和微分方程的基础，如果有兴趣可以在大四或是研究生期间学习一些机器学习或是数据挖掘的算法，争取在大数据和机器学习来临的时代可以拔得头筹。对于没有编程基础的同学，在打好数学和统计学基础的同时争取学习掌握一门编程语言。

除了编程语言之外，我也希望有时间和能力的同学在大学期间可以学习一门第二外语，丰富自己的见识与知识储备。这个全球化的时代为世界各地的人们带来了前所未有的便捷，然而在全世界 75 亿人中，我们可以直接进行沟通的普通话使用者以及以英语为母语或第一外语的使用者尚不过 25 亿人，还有 2/3 的人我们无法直接与其交流。也许随着人工智能的发展会有一天我们的翻译器可以达到较高的翻译水平，但即便如此我认为语言交流中有很多重于情感的细节是无法通过翻译系统表示出来的。语言学习不光是为了交流这一单一目的，而更是注重于在学习一门新语言的同时了解一种新的文化传统和另一个民族的历史，了解另一群人是如何思考解决问题的，并通过学习的方式去化解我们心中存在的一些刻板偏见。随着中国经济的不断发展，我们正在加大全球化的步伐，现阶段很多中国企业在国外本土化这一方面还有待改善，其中一部分原因就是缺乏了解当地语言和文化传统的核心决策者。所以我期望国院的同学们可以努力拓展自己的国际视野。

参加社团或公益活动

为了满足同学们的兴趣爱好，农大和国院陆陆续续成立了近百个社团。我至今还对每年开学时在农大广场上举行的招新“百团大战”记忆犹新。大家可能会因在大学时期养成的爱好受益终身。我在高中时看过几场话剧，但对话剧表演并没有形成笼统的欣赏方法。在上大学后我加入了话剧社并参演了两场重导孟京辉的早期实验话剧，这些经历给我提供了从台词、演员动作、服装以及舞台灯光等各种角度重新认识、欣赏话剧的全新视角。同时在不影响学习生活的前提下，社团的一些活动比如拉赞助、分配资源、组织安排活动表演等等都会培养大家的组织动员能力。所以我推荐大家不管之前有没有接触过类似的活动或是经验，加入自己感兴趣的社团，与志同道合的朋友们一起培养自己的兴趣并分享快乐。

大学是耸立于现实社会中的象牙塔，我们在其中学习着伟大先哲们的理想与知识并跃跃欲试着改造这个世界。但唯有充分了解环绕着我们的现实社会，认识到它所存在的这样或那样的问题，才能更好地发挥我们的作用，为我们身边的人，也为这个世界贡献自己的一分力量。“No man is an island entire of itself; every man is a piece of the continent, a part of the main”我希望大家可以通过公益活动了解存在于我们社会的不足，并在未来某个时刻为改变它贡献自己的力量。当然公益活动不一定非要到非洲或是偏远山区支教，即使是慰问孤寡老人或是环境保护都是对我们所处的社会做出的贡献。

树立长远计划，合理安排时间

大学的生活永远是匆匆忙忙，四年八个大学期再加上暑假的小学期其实真正能留给我们思考，为自己的未来做打算的时间并不多。如果说大一、大二还可以不假思索地度过，那么从大三开始就应该着手为下一步做打算。我希望每个同学都可以为自己建立一个 3～6 个月的短期目标和 1～3 年的长期目标，并设立一系列以周或以天为记的 deadlines 来确保实现阶段性目标。比如要出国读研或读博的同学，在大四申请季前就应当准备好托福、GRE 和申请文书等材料。按个人情况将每一阶段性考试和材料准备安排到具体月份，并反推每一天需要用多长时间来学习，掌握多少单词，刷多少道题目等。对想从事金融领域工作的同学亦是如此，在大二或大三期间就应该申请一些相关领域的实习并考取相关专业证书以学习巩固自己的专业知识，为履历镀金。除了学习以外我希望每个同学也能为自己的作息、运动以及各种活动充分安排好计划，这样才能确保身心永远达到最佳状态，以高效率完成更重挑战。

最后，我由衷地希望每个同学都能够不忘记自己最初的梦想并找到属于自己的时刻表，别让任何人打乱你人生的节奏。祝愿大家在国院的四年里可以收获人生中最宝贵的一段回忆。

饮水思源，感恩国院

王浩然

王浩然

作者简介

王浩然，山东人，2012 年进入中国农业大学国际学院，攻读经济学专业，2016 年毕业。在校期间曾任国际学院学生会副主席，曾获北京市优秀毕业生、市优秀团干部等荣誉称号，并多次获得中国农业大学社会工作优秀一等奖学金、学习优秀一等奖学金等。2016 年攻读哥伦比亚大学文理研究生院统计学专业，2017 年春季转入研究生院数学系，并于同年 5 月取得哥大文学硕士学位。2017 年秋季入学康奈尔大学工程学院，攻读金融工程学研究生，并于 2018 年冬季获得康奈尔大学工程学硕士学位，在校期间曾与金融科技公司 Rebellion Research，LLP 合作，参与智能投资算法研究项目。后于 2018 年 6 月起供职于华尔街大型地产私募对冲基金安祖高顿（Angelo，Gordon & Co.），担任数据科学家（Data Scientist），从事复杂金融数据分析，算法开发与交易支持工作。

人们总说，大学时光可能是人生中最美好的几年，热血里燃烧着义无反顾的青春和梦想。也许对有些人来说，大学生活是最迷茫或失意的几年，挫折中期待着黎明之后的成长和蜕变。无论你们当下品尝着苦辣还是酸甜，回头去看，它都确实会成为人生中一段最铭心刻骨的经历，浓郁醇厚，又透着晶莹的回甘。

在国际学院的四年，我曾在学生会为服务工作而倾尽心力，为了筹备圣诞晚会度过一个个不眠的夜晚。我曾因爱好而痴迷于辩论比赛，在创立国际学院辩论队，并最终见证它夺得全校冠军时感受到无上荣光。我更经常为了学术理想而迫使自己超越极限，在一学期四门高阶数学课取得全 A 的奋斗中发掘出自己最大的潜能。

国际学院的四年生活使我理解到何为责任和担当。是这个充满了多元文化的环境，培养我独立思考，教给我尝试知识并体验挫折，进而塑造了我的进取精神和踏实做事的习惯。从国际学院到常春藤盟校，从全球顶尖的金融工程项目到华尔街大型私募对冲基金，在这个以智慧和创造力驱动的环境里，我像其他国院前辈们一样，都曾经历过数之不尽的坎坷与磨难，国际学院教会我居安思危、对未来心存敬畏，却仍对未知保持尊重与欣赏。

接受约稿的时候，我被问及想对学弟学妹们说的话。我想说的很多。进入大学的那一刻，我们不应仅为自己坐拥资源和背景而骄傲，因为大学以前，我们的一切几乎都源于父母的馈赠；我们应该花时间努力培养自己的思想、能力以及独立的人格，这才是我们面对未来挑战最重要的资本。我们不仅要学会在制度化的环境里拥有自己的个性与特色，也要在一个多元的文化里找到自己的坚持与执着。

毕业后这几年，我有时间便会回到国际学院，喝一杯 ICB 咖啡，看看老师和朋友，希望自己没有和母校越走越远。我希望国际学院不仅会成为全国一流的联合办学单位，最终将会成为在国际工业界以及学术界知名的学府。而这，需要我们一代接一代国际学院人坚持初心，相互扶持，不断传承。

在这传承中，我也愿意贡献我微薄的一点力量。我承诺，如果你在顺利完成本科学业后，期待进入更优秀的高等学府，继续在金融、统计、经济等领域深入研究，我将义不容辞地为你提供帮助。如果你期待在以上领域的职业生涯中有所建树，我也愿分享我的经验和心得，希望我栽过的跟头能帮你照亮未来的路。

饮水思源，在此我也呼吁其他校友们为国际学院的建设添砖加瓦，以你们的资源和智慧回馈滋养我们的沃土。我相信，不论出身五湖四海、来自祖国何处，国际学院人的血脉里都流着同样的激情和坚定，岁岁年年，不曾改变。我相信，不论去向九州四海、飘散世界何方，国际学院人都将坚守着梦想和信念，花好月圆，千里婵娟。

有这样一种归属感

——给在“果园”茁壮成长的果子们

张艺慧

张艺慧

作者简介

张艺慧，女，北京人，2012 年进入中国农业大学国际学院，攻读国际经济与贸易专业，2016 年毕业。在校期间曾获得国家奖学金、校长奖学金、优秀学生奖学金、学习优秀一等奖学金、社会活动一等奖学金，北京市“三好学生”称号，美国科罗拉多大学“学术健将”称号，“创青春”全国大学生创业大赛全国铜奖。2016 年毕业后经免试推荐，前往中国科学院大学管理学院攻读金融工程专业硕士学位，就读研究生期间，曾于中国投资有限责任公司研究院、华泰证券另类投资部实习，并参与撰写《中国互联网金融安全发展报告 2016》（中国金融出版社出版）。2018 年毕业后出国留学，现就读于伦敦大学国王学院银行与金融专业。

收到国际学院的约稿邀请，我毫不犹豫地答应了。每每想起“果园”这个大家庭，总会令我有一种幸福满溢心间。这一刻，有太多的话想说，有太多感情想要抒发，也有太多的想法要与学弟学妹分享。

刚一入学，懵懂无知。为认真过好大学生活，我积极参加校园活动，认真听课，努力丰富自己。那一年，我们经济一班的两位辅导员如父母般为我们提供了很多学习生活建议，同学给他们起了亲切的昵称“蔚妈”和“众爹”，我们也在不一样的环境里，认识了更广阔的世界，直到现在我们依然保有联系。大二时，我申请担任辅导员，并有幸当上了辅导员助管。尽管当时所带的班级是“果园”开办农经专业的第一届，教学模式和课程有别于经济专业，但在生活和未来规划上我尽可能地给出自己的经验教训作为参考。我加入农大电视台，作为主编负责过校园新闻的采访、拍摄以及剪辑成片的过程；加入大使班，学习如何将自己的家乡、自己的祖国介绍给世界，如何接待外国友人；也作为创业团队的一员与食品学院的朋友们一起将想法付诸实践，过关斩将最终获得了创业大赛国家级铜奖。在这期间，我不仅锻炼了自己的沟通能力，从不敢表达自己的观点到可以与经验丰富的评委侃侃而谈；也锻炼了统筹能力，从组织一个小型的班会到接待一国总理的各项安排与准备。更重要的是，我认识了很多有想法又敢于坚持梦想不懈努力的朋友们，是他们激励了我不断地提高自己，并且渐渐地看清了自己的道路。

每每回首，我最想分享的一个感受就是永远对自己的要求更高一些，做人做事不要计较得失。我提升最快的阶段都是闷头做出来的，最好的机会也是曾经帮助过的朋友提供的。我认为，大学时光是一个人一生中非常重要的部分。在这个节奏快、压力大的社会中，人与人之间建立信任是非常艰难的事情，学习生涯中的认识的朋友们将在你未来的生活中扮演重要的角色。当然，生活除了诗与远方，还有柴米油盐酱醋茶。有让你会心一笑的故事，也有让你不堪回首的故事。所有的这些都将铸就你的价值观与世界观。

2016 年作为国际学院毕业生代表，我带着深深的自豪走上开学典礼的演讲台，看着台下那一届新生们的脸庞，我充分理解每个人走近她时都会揣着不一样的期待，有欣喜，有迷茫，有抵触，有质疑。这都没关系，只要切身地参与其中，“果园”总会给你惊喜。相信你总会在与去往不同学校的朋友交流对比中了解到，农大将“解民生之多艰，育天下之英才”的校训贯彻到底。学校的学术氛围朴实又兼容并包，这对于极易被浮躁的风气影响的青年人来说是不可多得的一种厚重。回忆往昔，我深深地感谢“果园”给了我大局观与辩证思维。学院提供的西方社会的教育理念与文化让我见识到了世界的多样性，在我之后的人生中不断提醒我不要因为自己片面的想法对事情做出武断的推测或者对与自己有分歧的人产生偏见。“取人之长，补己之短”才是一个成熟的大学生应该做的事情。不论过去的经历、现在的想法还是未来的规划，大学生活中你经历的一切都将永远在记忆中熠熠生辉。四年间，我从一个懵懂无知的高中生，到一个能够正确认识自身优缺点并对未来有了较为清晰规划的青年，“果园”在其中默默输送着养分。

离开农大后，每每路过，闭着眼睛都觉得可以走遍校园。农大的一花一草都成了我的思念。想念在“果园”三层老师办公室外等待问题解答的日子，想念帮助 Golding 老师批改卷子时听到校园里广播的声音，想念五层活动室举办的校友见面会与 Math Club 等。直到如今，我还对各个食堂的特色美食如数家珍，在农大哪个角落自习光线好、环境佳记忆犹新，对哪个月份花开名字的念念不忘。如果提及“母校”这个词，我第一个想到的就是农大“果园”。坐车经过清华东路，眼眶会微微湿润；走近国际学院，步伐会不由自主地加快。我想，这，就是“归属感”吧。在这里，我结交了诸多才华横溢的朋友，也踏上了人生重要的里程的阶梯。

趁着年轻，勇敢去尝试吧

朱　琨

朱　琨

作者简介

朱琨，男，山东青岛人，中国农业大学国际学院经济学专业2012级学生，2014年8月赴科罗拉多大学（丹佛）交流学习一年，2015年5月回国。2015年9月至2017年9月服役于中国人民解放军某部队，2019年6月毕业。

我的本科，读了7年。

想来有趣，在本科届里，可能没有多少人比我拖得更久了。三年国内，一年国外，一年间歇年，还有两年当兵。

2012年8月，我来到了中国农业大学国际学院，开始了我美好的大学生活。

像国际学院的大多数学生一样，我在大三的时候前往美国，去体验更加纯粹的美国教育和了解美国人的生活方式。2015年5月底回国，同年6月，便报名参军了。

我从来没想过会去当兵。军人，这个词从未在我人生规划的字典里出现过。但是，"生活就像一盒巧克力，你永远不知道下一颗是什么味道"。电影《战狼》改变了我的人生。我彻彻底底地被中国军人的那股"Fight for China"的信念所打动，再加上当时创业受挫，我急需一个能让我快速成熟起来的经历，于是一个念头在我的脑海里一闪而过，"我也去当兵，去深切感受'Fight for China'的信念。"

年轻时的想象总是美好的，那时候似乎觉得上学有些无聊，军人生活会充满挑战。我希望在军队里，获得肉体与精神的双重磨砺，就像是毛主席说的那样，"文明其精神，野蛮其体魄"。

在中国有句话，叫作"当兵后悔两年，不当兵后悔一辈子"。我是一朵温室里的花，从未经历过任何痛苦。而当兵期间，我经历了从未经历过的寒冷、炎热、饥饿、口渴、疼痛、疲惫、孤独、困倦。我舍弃了一切欲望，我对生活的态度变得异常简单——只剩下了生活的本能。

在我当兵第一年快结束时，便毫不犹豫地报了实战演习，因为这辈子就这一次机会了！作为一名军人，谁不想证明自己，展示自己的本事？尽管我知道，那一定很苦，很苦，很苦。我们受训于两名曾经身经百战的教官，训练期间，我不敢看自己的身体，因为全身都长满了密密麻麻的痱子，它们很痒，但是又不敢碰，那是一种无数微型炸药炸裂的痛，很难受，我的身上没一块好肉，直到现在，我依然有些后怕。但是现在想起来，一切都是值的，这是一段珍贵而有趣的经历！只有当痛苦和后悔经过了之后，才能体会得到！

退伍之后，我才明白，“不当兵后悔一辈子”这句话的真正含义。这是一句在当兵前、当兵时、当兵后，不同时期有不同理解的话。我曾经认为睡觉很重要，但是演习没有觉让你睡；我曾经认为吃饱饭很重要，但是演习很可能连吃的都没有；我曾经认为玩乐享受很重要，对不起，演习只有无尽的任务，没有享受；我曾经怕黑，但是后来我也可以半夜三点半，一个人在老林子里唱着歌，在泥泞的灌木丛里踱着步子，庆祝一天演习的结束；我曾经怕孤独，但是现在，我拥有了一大批志同道合的人——我的战友们；我曾经幼稚懦弱，似乎现在有些许的成长了。然后，在经历了一无所有之后，在经历了“极致”的痛苦和悔恨之后，在抛开一切看似重要的嘈杂的表面之后，我才明白，这一辈子，活着最重要，成长进步最重要，理想信念最重要，那些爱你的关心你的人，才最重要！这是一种蜕变的感觉，是一种置之死地而后生的酣畅，一种失去一切之后的大彻大悟！

在这里，我并不孤独，似乎许许多多的大学生士兵都是不甘于平凡的人，他们敢于奋斗敢于冒险，敢于体验波澜壮阔的人生。我很喜欢北大战友的一句话，“我来当兵，是为了完整自己的世界观！”这句话怕是道出了很多人的心声吧！那种一起扛过枪，一起“上战场”的友谊，没齿难忘。他们是一笔意外的财富，我会珍藏很久很久。

特殊的家国情怀、军人的使命感和荣誉感、永不放弃的信念、浓浓的战友情、痛苦之后的成长，这些是其他人所感受不到的。这一份经历，一份将国外文化的理解与祖国文明的参悟的特殊交织的经历，才是我最宝贵的记忆。

退伍之后，我休学了一年，和战友一起去旅行、去流浪，去学了跳伞、潜水、滑雪、冲浪，去用另一个角度来观察理解我们这个可爱的世界，去经历更多的事物，去体会不同的人生。这个决定，也是源于部队的经历，源于我对自己该怎样过一个无悔人生的认知。

如今，我一点都不后悔当兵，反而感激曾经那个幼稚的自己所做出的成熟的决定！

学弟学妹们，我想对你们说，人们总是在追求进步与成长，所谓成长，不就是经历痛苦之后的感悟，并且将其作为指导，来影响我们对未来的认知和实践吗？我或许有资格说，别怕痛苦，那只是暂时的，忍一忍，过去了，也就没什么了。而这一切过后的丰富的经历，才是真正的宝藏！

我并不推荐每个人都去当兵，但我推荐，每个人都要拥有一段特殊的经历。不在乎它有多伟大的影响和多深刻的意义，只要它在经历之中，且在意料之外，它总会给你带来成长和进步，带来对这个世界更深层次更全面的理解的。

我们只活一次，所以要去经历更多，去尝试更多，其体验更多，这辈子才算是值了！

在国际学院 25 周年院庆之际，感谢学院对我的培养，祝福国际学院，创造金色辉煌，谱写绚丽华章！

你好，“果园”

周向媚

周向媚

作者简介

周向媚，山东人，2014 年进入中国农业大学国际学院国际金融实验班学习，2016 年前往普利茅斯大学继续完成国际金融专业本科学位。本科毕业之后赴曼彻斯特大攻读会计与金融专业硕士学位。目前在山东大学攻读税务硕士学位。

从农大国际学院毕业已经一年，这中间辗转奔波去了英国读研，又回到国内读二硕，如今马上面临秋招，脚步一直没有停下。偶尔回忆起在国际学院学习的两年，恍惚间觉得自己还是那个无知却纯粹的少年，准备雅思，被微积分虐，加入记者团，担任辅导员。只要这样一想，无论多么疲惫，都觉得还要再拼一把。希望能有一天，自己能够脚步轻松地走进农大，走进国际学院。再说一句，你好，“果园”。

每一个来到国际学院的学生都对自己的未来学习生活有一个最基本的规划，出国留学。然而这条路不是花着钱泡着吧就能笑着走下来的。也许很多不了解国际学院的人会觉得这里只不过是一群有钱子弟想要走花路而选择的捷径，但其中的艰辛和获得的成就，每个国际学院人都会记在心里。

在国际学院的学习生活是紧张而有节奏的。因为“2＋1”项目要在3年内完成4年的学业，所以我们大一、大二都在满满的课程表和雅思考试中度过。大学不比高中，大家都有明确的目标和统一的步伐。要想在大学先人一步，你必须要有更明确的自我规划。这就不得不说到国际学院的任课老师们，他们都是友好亲切，会在教授课程之余，对你未来的发展提供帮助。我一直记得为了出国申研而去找数学老师Richard谈话时，他反反复复跟我念叨出国要好好学习；Accounting老师Felix听说我要申请LSE时，细致地跟我讲他的母校文化；经济学老师Etienne傲娇又毒舌，但对待你的学术问题又超级认真痴迷。除此之外，还有很多很多老师，可爱的Benjamin、马努、Jamie等，他们每一位都对学生充满热情又毫无架子，总是真诚无私地帮助你。

除了老师之外，作为辅导员的学姐们也给我带来了很大的帮助。这源自于国际学院特殊的学生辅导员制度，大二及以上的学生可以通过竞选担任大一新生班级的学生辅导员。因为年纪相仿且专业对口，大一时辅导员学姐在学习和学校生活上都给予了我们很多帮助，哪怕是之后他们出国读研，也依然有求必问。可以说辅导员学姐的这种精神影响了我，让我在大二时，在社团晋升和辅导员中选择了后者。首先担任带班辅导员极大地锻炼了我的沟通能力和组织能力，让我在一个真实环境中学会如何与辅导员同伴及班主任合作，处理各种突发情况，班级同学的矛盾，成绩突然下滑等。同时，还让一向有点“社交恐惧症”的我融入了新的辅导员大家庭，认识了很多同届小伙伴，也交到了真心的朋友。

除去辅导员职务，我还加入了学院记者团并担任文字记者。选择记者团的初衷是逼迫自己多做社交活动。但在执行任务的过程中你会渐渐发现，你亲身体验的每一个活动，精心打磨过的每一份新闻稿，等它们变成学院新闻刊登在学院网站上时，一切都是值得的。与此同时，国际学院的文字记者还带给了我很多锻炼口语的机会，培养了我的英文沟通能力和写作能力，而这是其他学院所不能达到的。

两年国内的学院时光飞逝而过，大三我们集体去了英国普利茅斯，但我们与国际学院的联系并未就此断掉。我印象最深刻的是农大国际学院驻海外校友会曾经来普利茅斯大学举办过见面会，让我们有幸听到学长在英国的创业历史；更让我们没想到的是，学院特地派了王院长等老师亲自来到普利茅斯看望我们。即使在外合作的这一年有同班同学陪伴在身边，但能看到以往熟悉的学院老师，能跟他们坐在一起聊天，仍然感到十分温暖。此外，由于要准备申请研究生事宜，有很多需要国际学院帮忙准备的材料和证明。很多繁杂的事情让身在国外的我们感到鞭长莫及又有点无力，但纵使很多事情连我都觉得颇为麻烦，每当找到我们的班主任刘畅老师，她总是会说“交给我吧”“我来帮你”。直到现在想起来，我还是觉得感动，因为国际学院老师是真的在尽心尽力地帮助我们每一个学生。

都说大学是进入社会之前的最后一课，可以帮助你塑造人格。而“果园”给了刚进入大学的我很多机会和舞台，给我鼓励和自信，让我能在不断尝试中找到自己的位置，挖掘自己更多的可能性。也许我说到最多的词就是帮助和感恩，因为这就是我的心里话。我相信中国农业大学国际学院对于任何一个有留学规划和清晰目标的学子都是一个不错的平台，它的包容性和多样性会让你找到全新的自己。

正如开头所说，虽然从国际学院毕业已经一年，但对国际学院的爱却从未变过。我虽不是国际学院最出色的学生，但国际学院却是我最爱的校园。衷心祝愿国际学院能越来越好，每一位选择国际学院的学生都能前程似锦。

也许我们都终将离开这个培育我们的地方，但再见之时，希望我们都变成了更好的自己，说一声，你好呀，“果园”。

第三章

我与国院

2019. 7. 3

专访陈群：金融专家与国际学院的不解之缘

陈 群

人物简介

陈群，1994年进入中国农业大学国际学院，成为学院第一批招收的学生。毕业后，先后在日本东京三菱银行北京分行，大型民营进出口贸易企业工作，现担任北京市朝阳区金融服务办公室党组成员、副主任，分管金融服务科、金融发展科和党支部的日常工作。

周六的下午二时许，天气有些炎热。到了约定的时间，一身干练的陈群准时出现在国际学院，作为20世纪90年代国际学院首批入学的学生，年近五十的他看起来依然神采奕奕，我们采访的地点就选在国院一楼的咖啡厅，通透的落地窗使外面的景色一览无余，整个场所显得分外敞亮整洁。简单的寒暄过后，陈群爽朗地说："那我们开始吧"。于是，对陈群的采访就在轻松愉快的氛围中展开了。

怀着对知识改变命运的希望来到国院

1970年出生的陈群，从小就生长在一个书香世家，担任农大教授的父母对陈群的教育格外重视，尤其是英语的学习，这对陈群日后凭借出色的英语水平进入国际学院学习打下了良好的基础。然而，无数事实告诉我们，个人的发展与社会环境的变化是紧紧地联系在一起的。中学毕业后的陈群，受到了当时社会中的改革开放、下海经商热潮的影响，毅然选择了参加工作，投资生意等道路。然而，多少年后再次回想当初的决定时，陈群告诉我们当时他的心中一直有一个没能上大学继续深造的遗憾。不过，命运的转机说来就来，1994年中国农业大学国际学院正式成立了，在农大做教授的父母得知了这个消息后告诉了陈群，问陈群想不想重返学校课堂。当时摆在陈群面前有两个选择，一个是拒绝，可是一旦拒绝的话，作为大龄青年的话，他已经再也没有机会参加高考进入大学，如果这次错过了国际学院的报名时间，这意味着陈群这辈子将与大学生活无缘了。另一个选择是接受，但是这接受的成本代价太高了，陈群对我们说道："用当时的话来讲，一旦我选择国院，那么在接下来的四年里，我将完全脱产，毫无收入可言，这对当时已经自力更生的我来说是无比的困难。"但是，在家人的鼓励和支持下，深感中学水平严重不足，急需大学知识充电的陈群，打消了种种顾虑，最终来到了新开办的国际学院，开启了他人生的新一页篇章。

"按时"毕业背后的辛酸与坚持

满心欢喜的陈群来到国际学院后，等待他的却是一个又一个巨大的困难。陌生的外国教师，全新的课程设置，不同文化之间的差异与碰撞让陈群感到迷茫。当初一起入学的几个同学因为不能习惯全英文的教学模式，陆陆续续地离开了。一个学院，仅有数十名师生，在这样的环境下，当时的陈群也萌生了退意。不过，在这关键时刻，来自家人的鼓励和自己内心的坚持，一次又一次地把退学的冲动压制了下去。英语不错的陈群全力以赴地学习，课上认真做好笔记，课后温故而知新。“刚入学的半年时间里，我拼了命地学习，什么不会就补哪里，数学啊，微积分啊，通通从头学起，每天 150 个单词，绝不会落下。”陈群回忆起刚入学时的情景，至今仍历历在目。当时陈群上课的教室如今坐落在农大现在的计算机中心楼，那一层狭长的走廊，昏暗的灯光下总是有陈群匆匆的步伐，一个上大一时就已经二十四岁的青年，他那时候的心境是如今的我们难以体会的。但正是一种对知识的渴求和对成长的无限期待让陈群坚持了下来。大学学习期间的一个暑假，陈群参加了去美国科罗拉多大学丹佛分校交流学习的项目，计划完成 10 个学分的学习。这是陈群第一次出国学习，他分外珍惜这次学习机会。在丹佛期间，陈群对国外的一切充满着好奇，摩天大楼，高速公路，先进的科技，甚至差距不大的城乡发展水平无一不让陈群大开眼界，毕竟 90 年代中国的经济还相对落后，与发达国家存在着很大的差距。陈群看在眼里，心里已经默默想着自己回国后一定要为国家建设贡献出自己的力量，希望自己的祖国能早日赶上经济发展的快车道。在一个半月的美国学习即将结束时，陈群接到了来自在美国芝加哥定居的舅舅电话，在电话里，舅舅邀请陈群留在美国发展。陈群回忆说：“留下来开中餐馆，肯定能保证较好的生活水平，但就我个人来说，回国报效才是初衷和理想，这和挣多少钱没有关系。”于是，陈群婉拒了舅舅的好意后，踏上了回国的旅途。

国院经历助力成功之路

回国之后，面临毕业和找工作的陈群就像如今的大学生一样向不少单位投递简历。当时北青报的一则招聘启事引起了陈群的注意，这是日本东京三菱银行北京分行在招聘员工的一则广告。怀着好奇心，陈群投递了一份简历，意想不到的是，陈群之后一路过关斩将，在 500 多名竞争者中脱颖而出，一举获得了职位。不过，半年后，由于文化的差异和与日本企业管理理念的冲突，陈群离开了银行。但是，这段被跨国企业录用的经历侧面印证了陈群的话“国际学院的学生不一定英语成绩比其他学院的人要强，但是在国际学院中，与人沟通的实际英文能力一定是很突出的，国际学院培养了我国际化的视野，锻造了我与外国人沟通的能力，这一点对我的工作是有很大的帮助的”。之后，陈群辗转了大型民营企业，并最终加入了朝阳区金融办，成为了一名为人民服务的公务员，并在这个岗位上做出了突出成绩。如今，在金融办担任领导职务的陈群并不感到轻松。当被问到如今的工作时，陈群如数家珍般地说了一连串的工作职责：“金融办管辖的范围有很多，处理的事务也是挺复杂的，比如说对于银行、证券、保险、财务公司、汽车金融、股权基金等各类金融公司的协调服务，政策的落实，产业的规划，产业数据的统计分析，小额贷款融资担保，非法集资的监管和处理等。”这些都是陈群的日常工作。不过，陈群也说了，“尽管事情很多，涉及的面又很广，但我感觉很充实，在国际学院的四年里，为我以后的工作打下了良好的基础。学习的知识如今也能在工作中起到看得见摸得着的用处，和外资银行、证券公司打交道时，心里底气也足，因为有了之前的经验，处理起来也是游刃有余”。

对国际学院的美好寄语和祝愿

在采访的最后，陈群也语重心长地给国际学院提出建议，建议国际学院日后与一些大公司大企业建立合作关系，这样国际学院的学生可以定期到这些合作单位实习实践，校企通力合作为社会培养国际化地高端复合型人才。国际学院的课程领域目前涉及了经济和传播的方面，陈群进一步解释说，“国际学院可以对学生日后从事的职业进行民意调查，划分领域，重点培养，为经济和传播专业的学生勾勒出细致清晰的职业远景和规划，这对国际学院日后的发展一定会起到重要的作用”。在轻松的访谈气氛中我们结束了对陈群的采访，但陈群对母校的感激之情让我们久久不能释怀，并将激励着一代又一代的国院人创造出属于他们的辉煌人生。

（撰稿人：秦　领）

专访刘含：一位国院人的20年英国创业故事

刘　含

人物简介

刘含，汉朝集团创始人，董事长。1995年考入中国农业大学信电学院电力系统及其自动化专业，后转入国际学院经济学专业，是国际学院的第一届计划内学生。1999年留学英国鲁顿大学（2006年更名为贝德福德大学）攻读研究生，一年完成学业。毕业后开始创业，现定居英国。目前任中国农业大学英国校友会会长，中国农业大学企业家校友联谊会理事会理事。

雨后的空气清新而又冰凉，天上的云有点像打翻了的牛奶。刘含校友好不容易回国一次，就被我们给逮住了。先前和刘含约好了采访时间，没想到刘含比我们还要早到。“大家都随意，咱们有什么聊什么”，原以为会有点严肃的谈话瞬间变得很轻松，时间安排得十分紧凑，但刘含校友亲切的语气让人如沐春风。于是，我们开始了这次充满新奇而又期待的采访。在后面的采访中，我们发现这位在海外创业多年的校友有着一部值得我们好好学习的勇气与激情并存的奋斗史，下面就让我们来听一听刘含校友带给我们的不一样的故事吧。

来到国院是一个特别正确的决定

刘含校友 1995 年上的高三，在上高中的时候刘含就对当年的北京农业工程大学国际学院有所耳闻，那时候农大东西校区两所院校还没有合并，东区这边的学校还叫北京农业工程大学。当时的北农工大国际学院在北京高校圈儿里面算是老大级别的，比较有名，第一批引入外籍教材、外籍教师讲课，一切都是美式的学分制，毕业后还可以拿到美国大学的毕业证，这要放到全国来说都算是开设比较早的。就是在那个时候刘含萌生了今后要出国学习的念头，铁定了要考北农工大，考进北农工大就是为了上国际学院，上国院就是希望能够为今后的出国发展奠定基础，于是入学后不久便从信电学院转入国院经济学专业学习。那个年代有出国想法的人特别少，不像现在出国已成为家常便饭，刘含在自己大学的四年里也亲身经历了整个国际学院的发展变化过程。

忆国院，青春校园，纯真年代。“回想大学四年，确实是我一生中度过的最美好的一段时间”，谈起大学时代，刘含俨然像位刚刚毕业的学长，兴高采烈地说着四年里发生的种种难忘的事情。“当时自己住在南楼 410 宿舍，南楼和北楼就在国际学院旁边这一块，室友都来自全国不同的地方，现在南楼已不存在了。上来时候看到楼下那个照片，我们那一届就这么几个人，上完课大家一块踢球、吃饭，谁过生日聚餐了一块喝酒”，那段时光幸福而又美好，回忆起母校的过去，刘含如数家珍，校园的轮廓依然存留在记忆深处。刘含虽然参加的部门社团活动不多，但是和老师、室友的情谊却仍然延续至今。

谈及在国院的学习，刘含真正体会到了“适者生存”“笨鸟先飞”的学习方式。英语一直是刘含最头疼的学习科目。因为国际学院的课程都是由外籍教师授课，英语不行就听不懂外教讲课。这下刘含着急了，如果一直持续这种状态，连课都听不懂，到最后肯定毕不了业，要适应这个教学环境就必须要把英语给提上去。即使是过年那段期间，刘含都是一个人待在宿舍学英语。强迫自己学习，需要依靠强大的内心，从高考时候的英语不及格到后面把所有的雅思、托福、GMAT、GRE都考遍了，毕业时英语水平达到了一个质的飞跃，刘含背后付出的努力是不容小觑的，不光是英语这一门课的学习，在其他专业课上刘含也都努力学到最好。

留学期间成了“打工皇帝”

二十年前，刘含还是个学生，在英国读研。其实在1999年出国前，国内的大学本科毕业生是很值钱的，刘含也已应聘了不少国企，面试过了且都同意可以马上入职，但刘含一直的初衷都是要去美国求学。可美国9月才开学，刘含2月就毕业了，中间有大半年时间会被白白浪费掉。如果选择去英国，就可以选择2月开始的学期上学，心想着可以节省半年时间，于是就选择去了英国鲁顿大学，当时英国那边和中国农业大学开展合作的高校也只有鲁顿大学，就这样，刘含踏上了英国求学之旅。

研究生课程任务繁重，生活压力更重，那会儿去的中国留学生家境基本都不是很富裕，兼职工作的机会不多，出去打工的却不少。口语差的找份饭馆后厨洗碗的工作，口语好的应聘服务生，很少有别的选择。打工是很辛苦的，刘含所经历的那一段打工时光是我们难以想象的，最夸张的时候刘含一天出去打四份工，很多工作都做过，“白天司机开车把你带到一个三明治厂流水线上去做三明治，弄得我现在根本就不吃三明治，看到那个机械制作的过程就头大，做完三明治下午就去皇家邮政搬邮包，把大大小小的邮包分类，到晚上的时候再去大超市上货，过两三天再去一个肉厂，做肉馅的肉厂，去冷库里搬货”。当时鲁顿大学的一年的学费大约为六七千英镑，刘含辛辛苦苦打工一星期，能够挣个两三百镑，从未给家里要过一分学费的刘含，硬是活生生地把学费给挣出来了。“你像现在‘90’后这帮孩子过去，你给他这份工作，他都不愿意去上，可能去两天也就单纯是为了体验一下生活，抱着这个心态。但我们那个年代，就是拼命”，说到这时，刘含加重了语气。

研究生毕业后，刘含去了当地的一家中药店应聘，给他们做前台翻译并接待客人。当时的中药店在全英国是比较火的，不像现在，许多中药店作假，好大一部分都关闭了。干了大概一年的翻译后，刘含开始有了些经验积累，便做出决定自己一个人出来单干，再加上母亲是中医大夫，并且不远千里从北京跑到英国去支持他创业，他心里就更多了一分底气。英国人普遍很胖，刘含看准了这个商机，新开的中药店大力宣传自己的主推业务——中医针灸减肥。他的药店口碑好，后面来的人都是排队过来，最火的时候刘含的中药店遍及格拉斯哥、曼城、伯明翰、考文垂……当时一个人减肥收费 1 000 多镑，生意能不好吗？就这样刘含赚满了创业后的第一桶金。

在“破产”边缘冒险试探

药店开了大概一年之后，刘含才正式与餐饮结缘。一次很偶然的机会，刘含出差到格拉斯哥吃到了超级正宗的中餐。到英国这么久，这是他吃过最美味的一次中餐，虽然餐厅位置很偏，确是爆满。刘含并不知道中餐在英国会如此受欢迎，回去后他一直对这个事心心念念。就在这时，在考文垂的市中心，有一家叫“明朝”的中餐馆正在转让，但转让费高得离谱—— 22 万英镑。当时的 22 万英镑，如果光凭刘含打工挣的话，得挣一辈子才能攒出来。兴许是年轻时候的那种冲动，当天上午去看完这个店，下午刘含就拍板拿下了，为此刘含把身边朋友的钱都借光了，再加上开药店积攒的，甚至悄悄瞒着母亲把买房的钱也拿了出来，七拼八凑最后愣是把钱给凑出来了。因名字里的一个“含”字，餐厅便改名“汉朝”餐饮。那段时间，是刘含最煎熬的一段日子，周围的朋友没有一个支持他，觉得他傻，这么多钱拿去投资这个。刘含自己也整晚整晚睡不着觉，毕竟前几年积攒的身家全押在了这上面，生意要是做不起来，这么长时间的在外打拼就得付之东流了。这段高压期也让刘含开始思考新的经营理念，如何让“汉朝”崭露头角，展示锋芒？常年在商圈摸爬滚打的经历告诉他，必须找到“汉朝”与众不同的地方才能在激烈竞争的餐饮环境中立足。越复杂的人生，越需要简单的公式来解，而“汉朝”的公式就是十年只做一件事。十多年来，“汉朝”只做一件事情，那就是把每一道菜品做到最好，把每一位食客都当作自己的尊贵的客人。每一位到店里的客人，刘含都会亲自上前去跟他交流，让身处异国的华人会有一种回到家的感觉。秉持着这个理念，“汉朝”饭店从刚开始一个中国人没有，到后面客聚如潮，刘含成功了。中餐馆初期虽然整体顺利，但难免会遇到一些困难，有很多细小但是重要的问题，比如买货、进货，包括饭店的马桶堵了，灯泡没人换，这些都需要刘含一个人来处理。很多与英国政策制度相关的问题，申请酒水牌照、营业执照、店铺装修等事务，刘含都是一边学一边积累经验。

“中国合伙人”室友

短短的采访期间，刘含接了赵四的几个电话，赵四这几天也回国了。赵四是刘含大学期间的室友和铁哥们，刘含到英国后，便鼓动赵四辞掉国内工作跟他一块去英国打拼，当时赵四在北京已经有了一份稳定工作，而刘含在英国呆了也有四五年了。“我每次回来，你的生活状态是没有什么太大变化的，虽然你很辛苦，你的工资一直在涨，但你的生活方式呢没有任何改变，你每天几点上班，几点下班，几点睡觉，吃什么饭，都是一成不变的，我相信再过十年你也不会有什么改变”，刘含觉得这种一成不变的生活方式换作他是受不了的，他劝赵四应该出去改变一下。“虽然刚去英国的时候，可能会比现在更辛苦，挣的钱更少，但是没有关系呀，只要是改变，不管它朝着哪个方向都是好的”，或许是出于大学室友间那份真挚的情谊，赵四被刘含的一言一行说服了。到了而立之年，仅凭一己之力，刘含显得有点力不从心，赵四过去后，刘含创业的道路上又多了一位志同道合的伙伴。

寄语后辈，懂得珍惜

“想要不断改变就要打破一成不变，我们每个人好比桌面上的一个点，只要是改变这个点的位置，无论朝哪个方向，其实都是好的。更何况，年轻无所谓失败嘛”。用刘含自己的话来说，他是个“极度乐观者”，一直以来心态都保持得很好。采访最后，刘含告诫我们要懂得珍惜，珍惜别人给的机会，当下的机会。不管做什么事，责任心是必要的，有始有终，答应别人的事情就一定要做到。

现实生活中的小路往往都是近道，创业这条小路则会更曲折艰苦一些，但同样的，风景都会比大路上来得更好一些。

刘含现在的精力主要放在了农场、养殖上面，希望将来能和母校开展有关这些方面的合作，自己有机会能在英国为母校做点事情。

校友企业介绍

汉朝集团于2004年在英国创立，成立初期以经营餐饮为主，先后在考文垂、伯明翰（3家）、诺丁汉、曼彻斯特、普利茅斯等城市开有分店。饭店以经营北方炒菜、火锅烧烤和karaoke为主。2010年以后，开始逐步实现多样化经营，现有品牌包括：汉朝教育，主要以留学申请和其他后续服务为主；汉朝旅游，主要以英国当地旅游接待、夏令营等为主；汉朝加工厂，主要以加工半成品和为汉朝餐饮提供中央厨房为主；汉朝农场，主要以淡水鱼养殖、农家乐为主，目前为在英华人首创；汉朝投资公司，主要以唐人街商铺投资出租等为主。

（撰稿人：宋宇政）

专访甄忱：潜心科研，专注教育

甄 忱

人物简介

甄忱，中国农业大学国际学院1995级经济学专业学生，1999—2001年就读于美国蒙大拿州立大学，获应用经济学硕士学位；2001—2006年就读于美国北卡莱罗纳州立大学，获经济学博士学位。现任美国佐治亚大学农业与环境科学学院农业与应用经济系副教授，主要研究领域为食品和营养政策、烟草控制政策、消费者需求及健康经济学。

适逢美国佐治亚大学春季学期结束，我们采访到了目前在该校农业与环境科学学院农业与应用经济系任教的副教授、国际学院 1995 级经济学专业校友——甄忱。这位 20 多年前从国院走出的青涩的少年如今已是学术领域颇有建树的资深学者，一双儿女宽厚温暖的父亲。回忆起在国院的求学时光，他表示那是充实圆满、没有遗憾的时光，如果时光倒流，他拥有重新选择的机会，他依然会坚定地选择国院，这条难忘的青春之路他依然愿意再走一遍。

航天迷踏上了经济学之路

1995 年夏天，高考失利的甄忱随母亲从家乡河北来到位于北京天坛的高招会，那时的甄忱是个十足的航天迷，一心想读飞行器设计专业，然而由于分数差距，他咨询了几所相关学校后都失望而归。此时，刚跟美国科罗拉多大学建立合作关系的中国农业大学国际学院引起了甄忱的注意，全英文授课、高昂的学费、美国大学文凭……通过向当时在农大水院就读的朋友打听，甄忱决定来这个在当时看来有点与众不同的学院试一把，没想到他顺利通过了语言考试并成为国院 1995 级经济学专业的学生。

初入国院，全英文授课的环境还是给甄忱带来了不小的压力。在电脑和互联网普及率并不高的 20 世纪 90 年代，学习英语的工具十分有限，而当时流行的电子词典“好易通”亦是价格昂贵，于是甄忱就靠着一本词典查遍了所有不认识的单词，考过了托福和 GRE。四年下来，词典已经被翻烂，连书脊都磨掉了颜色。为准备 GRE 考试，甄忱曾在大年初二就回到学校学习英语，最终取得了词汇部分 96%的出色成绩。功夫不负有心人，四年持续地练习、交流使他的英文听说读写能力渐臻佳境，为日后出国深造扫清了语言方面的障碍，而英语水平能力的全方位提高也是甄忱认为在国院的本科生涯中收获最大的部分之一。

谈及在国院的四年本科生涯，甄忱坦言门类齐全、丰富多彩的选修课，诸如历史、哲学、戏剧等，也给他带来莫大收获，这些课程看似与他的主修专业经济学并没有什么联系，但却在无形中塑造了他的思维方式，开阔了视野。令他记忆犹新的是 Rebecca Gauss 教授的戏剧课，在这门课的一次期中考试中，班里几乎所有同学都选择背书上已经给出的定义和概念来回答考卷上的问题，只有甄忱一人通过自己的理解来阐述对题目的理解，结果出人意料的是，写出“标准答案”的同学成绩并不出彩，而敢于独立思考、大胆发表自己观点的甄忱却得到了老师的表扬并得到了“perfect score”（满分）。通过这件事，甄忱认识到批判性思考、打破固有思维定式的重要性，而也正是这种勇于创新、敢于挑战权威的精神使他得以在此后的学术道路上不断突破已有成就，越走越远。

时光如水，四年在国院的求学生涯转瞬即逝。毕业前夕，当时在国院任教的经济学教授 Charles Steele 博士鼓励甄忱继续出国深造，而重视教育，祖辈和父辈都想“出去看看”却因种种原因未能如愿的甄忱家庭也给予了他大力支持。最终，甄忱被蒙大拿州立大学录取，既完成了家族期盼，也为自己的学术生涯开启了新的旅程。

不徐不疾，得心应手

与我们在采访前预想的一贯艰辛曲折的留学经历不同，甄忱认为在美国攻读硕士和博士学位的几年是十分轻松自如的时光，问及原因，他表示是两所大学轻松惬意的校园氛围使他能够静下心来，专注于自己研究的课题，而另一秘诀，则得益于自己本身始终沉着冷静、从容不迫的性格。甄忱坦言自己是个慢性子，正是这种“慢”让他能够在学术领域精耕细作，处理好每个细节，每一步都走得坚实有力。在甄忱看来，这种肯“慢”的品格对于有志于学术的人来说尤为重要，正是这种品格让他能够在面对一个又一个学术难题时抽丝剥茧，拨云见日，而心浮气躁、急功近利则是做学术的大忌。

在美国读书的几年中，甄忱不仅积累了丰厚的经济学领域知识，亦磨炼了心智，在待人接物、为人处世方面愈发成熟。说到这里，甄忱提起了自己硕士阶段的导师，这是一位一丝不苟、对待学生十分严苛的导师，令甄忱印象最深的一件事是在为导师担任助教期间，甄忱负责所有本科生试卷的批改工作，在批改之前导师通常不会给他正确答案，而是让他自己做一遍，有一次甄忱的做法与导师的方法有所不同，导师没有看完他的解题过程便生气地把甄忱的试卷扔到了天上，害得甄忱满办公室追着试卷跑，又恳请导师重新看一下自己的方法。后来导师发现甄忱的方法其实是殊途同归，也便没有多说些什么。与系里其他和蔼可亲、说话委婉的导师不同的是，甄忱的这位导师还是一位说话直接，喜欢“丑话说在前”的人，这一点最初也给甄忱带来了不小的心理压力，后来他逐渐习惯了导师的说话方式，反倒觉得这种一针见血的说话方式更能提高解决问题的效率。

从研究者到教书匠

在获得博士学位后，甄忱就职于美国非营利科研机构 Research Triangle Institute（RTI），成为食品与营养政策方面的一位科研人员，他的工作内容是通过建立计量经济学模型为来衡量某项政策的可行性，从而为企业和政府提出合理化建议。供职于 RTI 的 9 年忙碌、紧张而又充实，让甄忱得到很大锻炼。为了拿到政府资助的科研项目，他曾与团队一起在早晨 6 点就从北卡罗来纳州的首府罗丽赶最早班的飞机，花费 40 分钟飞到华盛顿，而后在 7 点钟前到达诸如美国药监局等政府部门的门口，接下来便是与政府官员就众多研究项目进行谈判。通常，拿到这样一个政府资助的研究项目需要写出无可挑剔的价格报告（Price Proposal）和技术报告（Technical Proposal），甄忱不仅要保证自己团队给出的方案预算合理、可操作性强，更要推测出竞争对手们可能给出的报价和研究方法，从而在一众多竞争者中脱颖而出。

在 RTI 工作期间，甄忱还申请到许多美国政府用于资助科学家个人研究项目的基金（Grants），这些基金的申请往往竞争更加激烈，申报者通常是美国大学的教授和研究人员。甄忱出色的学术能力使他多次脱颖而出，得以在自己感兴趣的领域深入研究，施展拳脚，也为他发表科研论文提供了契机。2014 年，他发表的两篇文章在学术界颇有影响力，相继被《纽约时报》和美国全国公共广播电台（National Public Radio）刊载报道，加之甄忱获得的诸多能够用来资助硕士、博士研究生研究的科研基金，求贤若渴的佐治亚大学对他伸出了橄榄枝。没有教学经验的甄忱起初有些犹豫，考虑再三后，他还是接受了这个邀请，最重要的原因是他想将自己多年所学、所研究的知识成果教授给更多热爱经济学的学生。今年已经是甄忱在佐治亚大学任教的第4个年头，在学生给甄忱的诸多评价中，出现频率最高的词汇便是“乐于助人的（helpful）”和“乐于倾听的（receptive）”，而甄忱也承认现在的自己已经能够很好地跟他带的硕士生们打成一片，不过他也透露自己仍然是个会打击人的教授，说话时常有些“negative”，他认为这样能够让学生更加清醒地看清问题所在。

为人师者的甄忱在教学过程中更加认识到英文口语交流能力和写作能力的重要性，他始终感激国院，正是国院这样一个优越的英语学习环境使他的这两项能力在四年间突飞猛进，为此后的学术道路打下坚实的基础。

如今的甄忱依然在科研与教育的道路上稳步前进，谈到心愿，他表示除了希望能尽快组装完仓库里一直因各种原因而搁置的航模外，便是能有更多的机会经常回国院看看。

（撰稿人：娄涣钰）

专访蒋东剑："拼杀"归来的少年

蒋东剑

人物简介

蒋东剑，1998年考入中国农业大学国际学院经济学专业学习，后于2002年进入英国斯特拉斯克莱德大学学习，并获得工商管理和国际市场营销双学位。2005年毕业归国后，担任北京英思沃通信系统集成有限公司市场部经理。之后历任敦煌网创始成员，易唐网联合创始人兼执行副总裁，北京易游世界科技发展有限公司股东兼高级副总裁等职位。现任职于阿里巴巴国际事业部，负责阿里巴巴国际站品牌批发市场的搭建、招商及运营。

开始采访蒋东剑时，会议室的时钟已悄然指向了晚上 9 点半。这也是他开完当天所有会议，处理完必要的工作事宜后，正式开始属于自己生活的时间。由于公司的保密要求，我们选择了电话访谈的形式，尽管已经是下班时间，蒋东剑依旧如所有阿里人一样，恪守着公司的每一项规定。入职阿里 6 年的他，每天都像今天这样，全力以赴拼杀在一线的商业战线上，力求不断超越自己。

Make a difference

1997 年，距离阿里巴巴创建还有一年，离中国“跑步跨入”新世纪还有两年。在这一年，蒋东剑选择报考了中国农业大学国际学院，并成为了 1997 级的一名新生。“说实话，我一开始就抱定了出国的想法，一是觉得对美国的文化也不了解，二是觉得自己的英语水平不过关，所以就想找一所满足我这些需求的学校。”真正结识国际学院是他和母亲在高考后的一次招生会，“那时候正发愁要报考哪个学校，我们看到了国际学院，发现这所学校真的很好，既能学习美国的文化和语言，拿到美国学校的文凭，而且还可以在国内读书，一举两得。我当时想，就它了！”

这就是蒋东剑和国际学院故事的开始。

初到国际学院，学院组织了一场语言成绩测试，通过者可直接开始用英文上专业课程，未通过者则要专门学习一年的语言课程。从小到大未经历过英文授课的蒋东剑笃定自己过不了。抱着被刷下来的准备，最终他意外通过了考试。分数达到合格线后，他却做出了一个决定：继续学习一年语言成绩，打好自己的英语基础。接下来的一年时间里，他开启了“疯狂英语”的模式，全身心浸入到英文学习中。“当时我就在公交车上听英文歌，闲暇时间看英文电影，什么类型都看，一遍一遍放，最后没有字幕都能知道演员要说什么台词。”这一年时间里，他把能考的英语能力测试都考了一遍，一年下来陪伴他最多的是四六级、托福、雅思、GRE、GMAT 的单词。虽然整个过程是枯燥的，但结果值得。好的语言水平可以为专业学习保驾护航。他在未来的学习中，全英文授课都没有给他的专业学习带来任何困扰与障碍。

"那您认为国际学院四年的教育，给您最大的收获是什么?"听到这个问题时，蒋东剑似乎没有太多思索，就给出了他心中的答案：Make a difference。"国际学院给我最大的启发就是要换一种思维去看待一些问题，融合中国教育传统思维的优点，启发了我用发散性思维去思考和解决事情，而这一点给我未来职业发展道路帮助是最大的。"他这样解释到。在国际学院的四年，他看到了开放包容的教育环境容得下多种声音。"Make a difference"成了蒋东剑未来职业道路上始终践行的信念，从国际学院出发，他带着这个想法，第一次走向异国他乡，走向了更远的世界。

职场上的每一次选择

拿到了英国斯特拉斯克莱德大学硕士双学位的蒋东剑，对于毕业后是否回国工作，也曾犹豫过。虽然他也羡慕留在国外工作的同学工资相较于国内高出很多，听上去也更体面，但是蒋东剑认为他未来的职业方向和所学专业在国内会有很大的发展空间，于是他最终还是选择了回国。现在他认为这是他做过的最正确的选择之一。

"我的第一份工作，是英思沃通信系统集成有限公司的一名文书职员。当时工资只有 2 000 元人民币左右，差不多是我预期的 1/3。而这份工作，也是我找了三四个月后才最终决定入职的。"听到这里，不禁让人有些感到惊讶。蒋东剑则很坦然地说："我虽然是一个海归，得到了硕士学位，可我一没有工作经验，二没有过硬的工作技能，我需要找一份可以帮助我快速成长的工作，工资给多少都行。"于是抱着学习的心态，他开始了自己的职场生涯，尽管工资和他的预期相比差距很大，但在英思沃通信系统集成有限公司工作的几年时间里，他由一个业务新手，成长为市场部经理；不仅收获了专业的行业知识，也积累了深厚的人脉。在长期的业务合作中，他结识了后来敦煌网创始人王树彤，便决定加入敦煌网，成为了其创始成员之一。

2006 年，阿里巴巴创建淘宝网刚第三年。当时的中国电商行业方兴未艾，B2B 模式还是一片亟待开发的处女地，前景市场广阔。在敦煌网的一年里，蒋东剑在没有投入 1 分钱广告费用的情况下，仅用 3 个月的时间，将敦煌网电子类产品交易额从 0 做到了月交易额 100 多万美元，其团队销售额占公司总销售额的近一半。只用了一年时间，他就在敦煌网取得了很好的成绩。如果继续在这里做下去，他完全可以相对安逸地工作并得到丰厚的报酬。“但当时我的想法就是，我已经学会了这一套模式，我不甘于这样‘平庸’下去，我想要有自己的一番事业，所以我选择了去创业，去拼杀。”现在回忆时仍能听出他语气中毫不动摇的那份决心。

2008 年，蒋东剑作为联合创始人创建了易唐网，开始了自己的创业。他用了 1 年时间，将易唐网从月交易量几千美元，发展到年交易量超过 6 亿元人民币，使它成为了继阿里巴巴和敦煌网之后，中国第三大对外电子交易平台。2008 年，易唐网获得 paypal 最佳集成奖。2010 年，获得中国第四届 APEC 电子商务最具潜力投资价值“金种子奖”。这时，蒋东剑感觉到自己已经站在了整个电商时代的浪潮之巅上，而在中国与他并肩的，不过寥寥数人。

“当你得知易唐网获奖时，是什么感觉?”

“这事儿稳了。”

矢志未移

在阿里任职的 6 年时间里，他的职位几经调动，但他从来没有想到过要离开这里。“一是因为阿里这个平台足够大，可以给人更大的发展空间，二是因为我可以依托阿里这个平台，尽我所能地去改变社会上的一些现状，改变每个人的生活，实现把这个社会变得更好的抱负。”原本在六年前就准备退休的他，愣是靠着这种美好的愿景，继续全身心地投入到了工作当中。光阴流转，时光变迁，看到生活中的一点一滴被改变，这是最令蒋东剑感到欣慰的事。

工作十几年，经历过了商场风雨沉浮的蒋东剑，面对未来，仍然踌躇满志，怀揣美好的愿景，砥砺前行。

（撰稿人：杨浩天）

专访邢曚：人生要奋斗也要享受

邢　曚

人物简介

邢曚，1997年进入中国农业大学国际学院经济学专业学习，大三赴美交流，本科毕业之后，赴英国杜伦大学继续深造，就读Portfolio Management专业。研究生毕业后，进入银行工作，之后历任富国基金渠道总监、中银基金北方营销中心总经理、中金资产管理部执行总经理，现任华泰证券资产管理公司执行董事。

从 2015 年开始，邢曚带领团队完成了超过 130 个项目，累计发行规模超过 1300 个亿，成为了国内资产证券化领域排名前三的团队。

邢曚身上仿佛笼罩着很多光环，他好像就是众人眼中的那个“成功人士”，但他曾经也是国际学院的个性大男孩，是坐在杜伦酒吧里的中国留学生，是从最基层开始奋斗的普通员工，也是陪伴两个孩子成长的好爸爸。说邢曚普通，的确，他的生活也不是一路一帆风顺，他一样会遇到难题，感到疲惫。但他又不普通，他总能在劳碌中找到缓解压力的方式，能从团队中脱颖而出、节节高升，能把握住工作与家庭之间的平衡点。而这些，做起来远比听起来要难得多。就像邢曚所说：“现阶段我的工作、生活，在别人看来是光鲜亮丽的，实际上我背后付出了什么，只有自己知道。”

采访中的邢曚很沉稳，思绪和表达都非常有条理。他能飞速调动大脑，找出对应的记忆片段，可见每一段经历都是让邢曚印象深刻的回忆。我们一直期待看到的成功钥匙，也随着采访的不断推进，逐渐显形。

国院的“叛逆”学生

高考过后，邢曚拿到了北京航空航天大学的录取通知书，这是大多数学生眼中的理想学校，却没能收住邢曚的心。“当时就想去美国，家里人也认为应该出国看看。”抱着这样的信念，他选择了国际学院，以计划外学生的身份加入了中美科罗拉多大学项目的经济学专业学习，在这里也的确收获很大。“国际学院锻炼了学生的 critical thinking，使我们的想法更开放，不会受到传统教育形式的束缚。三观的建立、生活能力和学习能力的锻炼提升都是我在国际学院的四年中所获得的。”选择加入国际学院时，邢曚并没有考虑将来的就业前景，单纯只是想借此机会出去长长见识，国际学院的氛围和教育方式恰好与他的想法契合。

“国际学院的老师于我们来讲，亦师亦友，是相互尊重的平等关系。”这是国际学院的特有的氛围，但在当时却没能被其他学院所接受。“那个年代，其他学院对国际学院的印象特别不好，我们的观念和意识上都有很大差异，外院老师们觉得我们自由散漫。”进办公室没有毕恭毕敬的敲门，没有那声经典的“报告，老师好”，因为国际学院的学生更多地把老师们当朋友；上课有不同的意见，直接明了地与老师辩论，在知识面前也许会忽略所谓表面意义上的尊重。邢曚就是这类学生的代表，他就事论事，敢于表达自己的想法。因为与其他学院的隔阂，国际学院的学生并不能很好地融入学校中，“当时我都没想过国际学院会发展壮大，没想到能做到今天这个程度。”用邢曚的话说，这个过程就是西方教育与传统教育的融合，是社会不同阶层的融合。现在我们的学生，学院都与学校连接在一起，隔阂也不复存在。

谈到学生活动的参与，邢曚有自己独特的角度，他所加入的“民间组织”让老师和同学们印象深刻。邢曚认为学院的学生会并不是他施展拳脚的地方，他不需要官方组织的条条框框。“我没加入任何学生团体，‘果园’同学建立了自己的小组织，名字好像是叫作国际学生互助会。”时隔多年，邢曚连这个“民间组织”的名字都还记得。他们不分部门，没有规定，大家在一起就是开心。“每逢篮球赛必打架”，几乎成为了这个“民间组织”在老师同学们眼中的刻板印象，在这个团体里，他们特立独行，自由洒脱。这样的“民间组织”难道不会成为学生会的对立面？答案是否定的。因为当年的设置，同一学院的男生女生们是住在相同楼层的舍友，大家抬头不见低头见，日常生活都会联系在一起。“在其他人眼中，我们都带着国际学院的标签，是一个整体，所以并不会对立。”邢曚逐一回忆当年学生会成员的名字，纵然他们有不同的性格和作风，但他们之间的情谊还是非常深厚，延续至今。

英国留学——苦中作乐

从大三开始，学习终于成了邢曚大学生活的重点，无论在国内还是国外，他的成绩有了突飞猛进的提升。读万卷书，行万里路，继续在国外读研也成了顺理成章的选择。“因为当时赶上了‘911’事件，美国实在不安全，老师建议我去英国读书，结果我还被一个蛮不错的学校录取了。”邢曚所说的就是英国三大名校之一的杜伦大学。做这个决定不仅是因为学校的名声好，排名高，它是一所传统的英国学校，邢曚对这个像《Harry Potter》里描绘的一样的世界很是向往。“我们每周都会穿着袍子，一起晚餐，每个学院的同学不仅会在一起学习，这里也是我们生活的 society。”那时候选择这条路的人也不多，将近 23 000 人的杜伦大学，来自中国的留学生加访问学者都不超过 100 个。

回忆起英国留学的生活，邢曚口中所描述的压力与疲惫是我们从未体验过的。“我的研究生专业是 Portfolio Management 组合管理，本科四年的经济学综合性较强，所以研究生选择了其中的一个方向。”相较于本科的学习，研究生的累是体力上的，也是精神上的。“比如有一次教授发了一堆书，一个周末就需要看完，否则下周的 pop quiz 一定会挂掉。每天的睡眠大概力争保证在 3～4 个小时，有时干脆就不睡觉了。”能够供邢曚缓解疲惫的方式不多，喜欢美食的他因为当地食材的限制而不能肆意享受，唯有找来一群朋友，喝酒，宣泄压力。“我记得特别清楚，杜伦有 17 个学院，每个学院一个酒吧，能喝遍这 17 个酒吧的人的酒量和体力都要非常好。”学习和生活的枯燥带来抑郁、疯狂，与朋友们互相安慰，一起狂欢到凌晨，邢曚也找到了苦中作乐的方式。

职场上的汗水与光辉

邢曚说，职场发展有两条路：管理序列和职业序列。所谓管理序列，从普通员工逐渐升职，掌控更多权力的同时肩负无数的责任，压力很大，却极富意义。邢曚也是这样一步步走上来，从 team leader 到 supervisor，部门经理到执行董事，“一个人做得再大，是一个人的成就，也许能够体现于他的收入。上级希望我来分担公司的压力，我就可以用我的能力和资源为全公司创造利益。”虽然邢曚在每一个位置上都取得了优异成绩，但他却没有野心，只是踏踏实实在做事。“把眼前的工作做好，就可以了，所以我每次自我感觉都做得还不错。”

作为 leader 的邢曚既是做决定、担责任的领导者，也是花心思、费体力的工作者，与整个团队废寝忘食地连续工作，邢曚要承担的比别人更多。“有时候一个项目就会决定公司未来的业务发展，对时效性要求特别高。举个例子，公司需要申请社保基金资格，由于之前的投资业绩并不好，我们明确被通知不能再继续拿到这笔钱。从周三下午三点一直到周六下午五点，整整 74

个小时，我不管是在台面上的沟通还是私下的感情联络都在同步全面推进，并将最终完成的材料做成很厚很精美的本子，数量多到要用一个 21 寸行李箱拉走。那几天我们所有人都住在办公室，没人回家休息。我记得有个实习生问能不能回家洗个澡，我得知他家就住在公司对面的小区才同意他快去快回，再远点我都不会答应，真的是争分夺秒。好在最终拿到了 deal，获得了 50 亿元的资金。”邢曚的专注和投入赢得了下属们的信任，也凝聚着整个团队。

“对事不对人”是邢曚的原则。“我脾气挺暴躁的，”有时候通过电话沟通工作，邢曚会跟对方争执起来，“吵得不可开交的时候我就喊，你先冷静五分钟再给我打，然后把电话挂掉。”快节奏的工作迫使一切都要完成的有效率，急躁和冲突都是不可避免的，尤其是对于像邢曚一样的 leader 来讲。“下属跟我讨论问题时都很有可能会发生拍桌子的情况，要是你能说服我，那 OK，不能说服我，就要听我的。”工作中的邢曚很强势，从来不会过度地压抑自己的情绪，但他的原则就是对工作负责，对下属负责。对事不对人，工作就是工作。换个角度来想，如果邢曚的工作方式不能充分地得到下属的认可，他们怎么会大胆地与他争辩呢。

“拼命”于工作之外

坐在桌子另一端的邢曚，手捧茶杯，体态和眼神都没有体现出丝毫的疲惫。说他不累，没人会相信，工作和家庭都会有不同的压力，而邢曚属于两边都会兼顾的类型。“我工作日为公司‘卖命’，周末为家庭‘服务’”。邢曚有两个孩子，大儿子今年快六岁了，小一点的只有六个月。因为邢曚和妻子的培养，儿子小小年纪就在 push bike 这项运动中取得了非常优异的成绩。在这个年龄段的比赛里，他就像是“冠军收割机”。因为第二个孩子的到来，这两年邢曚肩负起了带大儿子出国比赛的任务。“原先我妻子管孩子更多，这个项目也是她给孩子选的，我没有过多地参与。”虽然是这么说，邢曚为了儿子在平衡车上的投入也不少。“他有六到七辆车，针对不同的比赛和环境都有不一样的装备，我的想法是，既然玩了就要玩到极致，我陪玩也是很快乐的”。

当我们问到他的工作和生活是否会互相影响时，邢曚给我们举了个例子。

“有一次我带儿子去日本比赛，从飞机落地到孩子睡觉，我的电话就没停过，大概打了六个多小时吧，处理突发的紧急工作，但并不耽误我照顾好孩子并陪伴他比赛。”看来邢曚很享受这种要随时在工作和父亲的角色间的切换，说他是为工作和家庭“卖命”也是很贴切。

对于自己的兴趣爱好，邢曚也有同样的态度——玩就玩到极致。“我喜欢收藏古茶盏，最早的藏品能到两晋时期；还有茶叶，一饼普洱茶的价值最高能到一百万元左右。”本以为邢曚是个收藏家，坐等茶具和茶叶升值，也许会再卖出去。但他却不这么想，“不是啊，茶具我会用，茶叶也是买来喝的，要是享受不了何必花钱买呢。”采访前，邢曚面前摆放着一杯热茶，一瓶矿泉水，即使初夏燥热，他还是毫不犹豫地端起了茶杯，可见他对茶十分偏爱。

邢曚的经历很好地为我们诠释了国际学院学习生活的特别之处，以及这其中的收获对于人生未来道路的影响。要奋斗，因为我们有能力，有梦想，有期待；要享受，因为我们知道生活应该是精彩的，兼顾家庭家人的，享受当下也是为了明天更好地努力。

（撰稿人：张雪筠）

专访谢鹏：从学到教，雅思名师的华丽转变

谢　鹏

人物简介

谢鹏，拥有11年以上的雅思写作教学经验。中国农业大学和美国科罗拉多大学双学士，北京林业大学MBA、博士；加州美国大学特聘助理教授，环球教育雅思骨干教师之一，多次参加雅思考试，积累了丰富的授课经验。

晚上六时许，谢鹏校友应采访邀请，准时上线了。虽说是视频采访，但伴随着一声爽朗的笑声，谢鹏笑容可掬地朝我们打招呼，瞬间拉近了我们的距离。几句简单而又真挚的寒暄后，对谢鹏的采访就在轻松愉快的气氛中开始了。

国院生活的主旋律

“双学位”“接近满绩的 GPA”，谢鹏在我们眼中俨然是一个学霸的形象。殊不知，这是谢鹏四年如一日刻苦学习的成果。

“真的就是学习，几乎每天都在学习。”当我们问起谢鹏平时会参加哪些课外活动或者学生联谊之类时，谢鹏是这样回答的。我们心里直犯嘀咕：“怎么就只有学习呢，难道没有多余时间发展一些兴趣爱好吗？”看着我们半信半疑的神情，谢鹏笑着解释道：“我当时专业是经济学，但是又对传播学很感兴趣，每个学期都会选六七门的课。而且我觉得既然学就要学最有挑战的课程。所以我选择了有丰富教学经验的老教授们的课程，课程往往学起来都特别困难，晦涩难懂的专业知识、严谨认真的评判标准，这些都不得不让我全身心投入到学习中，哪还有时间去玩去娱乐？”听了谢鹏的一番解释后，我们被他迎难而上、勇敢挑战自己的精神所折服。

谢鹏同我们讲了许多他在学习中遇到的点点滴滴，其中有一件事令他记忆犹新。那是某个学期的期末考试周，很多同学每天都泡在图书馆写作业、赶论文，他们更认同突击复习的理论，往往平时不在意课堂内容，在考试前疯狂补习，但谢鹏不这么认为，他认为这样的学习方法并不好，往往最后无法取得理想的成绩。在那个考试周，谢鹏虽有压力，但游刃有余，应付自如，最后他取得了骄人的成绩。也就是那次考试之后，时任国际学院的领导注意到了这个勤奋踏实、能够吃苦的小伙子。于是，那位领导邀请谢鹏去给继续教育学院的学生上课。谢鹏心里十分忐忑，他怕自己没经验，带不好学生，反而有损国际学院的形象。领导看出了谢鹏的顾虑，笑着给谢鹏打气，“放心，小伙子，我相信你，你只要用上三四分你学习时的努力，我相信你一定可以的”。谢鹏后来回忆道“那段经历十分宝贵，它对我以后的雅思教学起到了不可估量的作用，我从中锻炼了英语，掌握了一些授课技能，懂得了如何与同学们更好地沟通交流”。

步入职场：国院经历助力雅思名师成功之路

从国际学院毕业以后，谢鹏选择加入了非常火爆的新东方教育集团。凭借出色的英语能力，他脱颖而出，后来逐渐形成了独有的“谢鹏风格”。两年以后，出于职业的规划，谢鹏来到了环球雅思，教习雅思写作，成为了一名雅思写作名师。谢鹏授课风趣幽默，逻辑能力强，善于使用多样的方式对学生进行思路启发；推陈出新的理论、实效的写作技巧，着重培养学生的实际写作能力，使学生轻松夺取雅思高分。在环球雅思工作期间，谢鹏用自己所学到的知识帮助了许许多多怀揣雅思梦想的学子考出了理想的分数。

随后，受到了国家“大众创业，万众创新”的号召鼓舞，谢鹏也拉了几个志同道合的朋友，一起在北京大学开办了面向成功商务人士的卓越班，为他们灌输西方国家的管理理念，培养全球化的意识。谢鹏的培训班办得风生水起，最辉煌时他们请来了比如任志强这样的大咖前来分享经验、讲授知识。卓越班的成功开办，为谢鹏实现了名利双收。但同时谢鹏也意识到创业十分艰苦，各种各样的事情都需要他亲力亲为。作为一个随性的人，可能长久的创业并不太适合谢鹏。正是在这样的认真思考下，谢鹏选择了急流勇退，他想沉下心来，安心钻研教学课题，更好地用自己的力量服务广大师生。

就这样，阔别了多年的职场，谢鹏又重回到环球雅思。元老级别的回归，给环球雅思所有的任课老师打了一剂强心针。在谢鹏的带领下，大家努力拼搏，认真教学，环球雅思在北京顺义开创了全国知名的短期封闭速训班。在这一个月的时间里，学员们吃的苦不亚于我当初在国际学院的压力。谢鹏认为只有适当的压力才能磨炼人的意志，才能激发人的潜能，从封闭班出去的学员，十有八九都能提高不少成绩。在谢鹏参与的顺义封闭营的过程中，我们看到了国际学院教学模式给谢鹏带去的印记，并深深影响着他的教育方式。

与此同时，谢鹏正是凭借着这样的教学模式为他在业界赢得了良好的口碑和学生们的拥戴。不管何处何地，曾经教过的学生经常会有在空闲时间给谢鹏打个电话、发个微信、寄张贺卡，多年之后依旧铭记于心，这源于谢鹏在每一堂课上的耐心讲解、细心教授，每一堂课下帮助学生们制定课程规划，给予学生们信心和力量。

衷心寄语，祝福国院

采访的最后，谢鹏说道："我毕业已经快二十多年了，如今国际学院发展迅速。我对于国际学院的认识还停留在上学那段记忆中，当时我们也有去丹佛两年学习的机会，可是那时候国家经济仍然十分落后，受限于学费的压力，我当时很遗憾未能成行。可现在时代不同了，人民生活富裕，国际学院学生也都能有机会出去走一走，看一看，这对开阔视野，增长见识有很大的帮助。这是非常好的机会，希望你们能够把握住。我衷心地祝福国际学院越办越好，国际学院的学生都能前程似锦，为母校争光。"

（撰稿人：秦　领）

专访聂婉燕：笑看花开

聂婉燕

人物简介

聂婉燕，2000年进入中国农业大学国际学院经济学专业学习，本科毕业后，同时获得贝德福德大学研究型硕士学位和中国农业大学工学硕士学位。研究生毕业后先后在 Research International 和华通明略工作了四年，2012年加入 Google，2014年成为 Google 的正式员工，其后成为“谷歌大中华区研究人员第一人”。

Google是一家被无数IT迷顶礼膜拜的企业。在北京办公室的感谢墙上，印刻着所有曾对公司做出重要贡献的员工名字。这其中，就有一名从中国农业大学国际学院走出的学子——聂婉燕。

奋斗、坚毅和自信，是她的人生信条，也见证着她从国际学院的新生部长到Google大中华区研究总监的蜕变和成长。

奋斗，是青春最靓丽的底色

生性外向的她，一进入大学就加入了国际学院的外联部。为了让学生会的工作更精彩、更富有创造力，特别是发出大一新生的最强音，她开始了一个人的“战斗”。从亲手绘制海报、到逐一拜访学长学姐、再到全面宣传竞选，她始终笃信“自信人生二百年，会当水击三千里”，并最终成为国际学院唯一的“新生部长”。

2000年前后，国际学院在中国农大是一个低调的“新兵”，在全校性的文体活动中总是难以崭露头角，与其他学院形成鲜明对比。作为外联部长，她深知亟需一场酣畅的胜利来激发“新兵”的斗志。恰逢学校开展“五月放歌”活动，婉燕四处奔波租借教室，协调排练时间，联系指导教师，同学们被她的付出感染着，达到了空前的团结，分秒必争地练习合唱。功夫不负有心人，国院一战成名，收获了合唱指挥与合唱团体双料冠军，让全校师生目睹了国院学生的热情与才华。那天晚上，很多同学哭着抱在了一起，其中也有爱笑的婉燕。自此以后，同学们更加团结奋进，在之后的合唱、足球、篮球比赛等活动中展现出飒爽英姿。

“这次活动，我也收获了人生最重要的东西”，聊到这里，婉燕笑着说，“我在占教室时，听到了一段分外优美的男声，我记住了那个男孩的声音和名字，他就是我现在的爱人”。敢于奋斗的她，还先后担任院分团委副书记、学生会主席等职务，让自己的青春在学生工作中更加靓丽。

坚毅，是成长前行的动力

“青年一代既要仰望星空，又要脚踏实地”，这是婉燕最喜欢的一句名言，也是她历练成长的写照。在英国求学的一年里，她阔别家乡与恋人，孜孜不倦地汲取知识养分，感受异国文化，用不懈的努力得到了导师、同学和社会的认可，同时荣膺贝德福德大学工商管理研究型硕士学位和中国农业大学工学硕士学位。

英国大学图书馆管理员一直是留学生热捧的职业，但很多中国留学生担心语言不过关、竞争力不足等原因，不敢尝试。婉燕却笃定信念，敢想敢干，成功赢得了这个炙手可热的锻炼机会，成为该校图书馆工作的第一个中国学生。读万卷书，不如行万里路。留学期间，她不仅帮助导师做项目，同时专注研究自己的课题，又用打工所得在欧洲周游列国，了解风土人情。更多的历练让婉燕对自己的职业规划和生活目标有了更清晰的认识，一种对祖国的归属感和自豪感油然而生，直到今天，她也时常给身边的外国同事介绍中国的日新月异。

回想起留学的点点滴滴，她时常感慨：只要肯努力，生活定不负你。

拥有自信，你就是一道风景

2007年，初入职场的婉燕也有些“水土不服”。作为一位有些“工作狂”的老板的直系下属，她每天都要工作到十二点甚至两点，时常早上六点就要乘车前往单位。“那时候我的同事们都觉得我好惨啊，跟了一个这么勤奋的leader，”婉燕回忆道。从不言败的她，以更积极的心态和敏锐的学习能力，很快适应了工作要求。几年的艰苦经历与勤劳付出，成为她日后的宝贵财富。

工作中，她有着自己的处事法则：对同事们坦诚相见，认真合作，找到自己的定位。“我们有时要像婴儿一样看待这个世界——婴儿看见人总是在笑的；我们也要对身边人始终报以善意，因为你不会知道在什么时候，你的微笑会改变你的生活。一个职场人更不能有太强的功利心，因为同事们都会看在眼里。真诚地去合作，待人，大家也会以真诚回报。”这也成为她加入Google和胜任各个岗位的重要基石。

生活中，她牢记家庭责任感。正当事业蒸蒸日上时，她因怀孕准备放弃升职机会，但她的真诚感动了老板，争取到在家带薪工作半年的机会。在面试 Google 时，一位面试官问她：“你的孩子刚刚八个月，为什么就要来到我们公司，并且换掉目前比较稳定的工作呢？”“因为我想给我的女儿做一个 role model。”她的话再次深深打动了面试官。

回首 20 年，聂婉燕从国际学院大一的“菜鸟”，到成为 Google 大中华区市场研究总监，时光带走了青春的容颜，岁月留下了深深的印记，唯有奋斗不止、坚毅不变、自信不减。

（撰稿人：汪锦华）

专访张莉莎：发现最好的自己

张莉莎

人物简介

张莉莎，2000年考入中国农业大学国际学院经济学专业。从国际学院毕业后曾从事进出口贸易工作，后前往美国继续深造，取得了肯塔基大学的硕士学位、伊利诺伊香槟大学的硕士学位，佛罗里达大学的博士学位，现任美国克莱姆森大学助理教授，研究方向为农业经济学。

“如果你那边方便的话，咱们现在可以开始语音了。”听说是母校的 25 周年庆祝活动，张莉莎在从美国回来后的第一周，便欣然接受了国际学院的采访。在第一次采访后，感觉全程过于匆忙，没有讲完自己在母校的故事，张莉莎又主动向学院要求，增加了第二次采访。

2000 年，张莉莎从内蒙古考入国际学院的经济学专业。当时国内大学还很少有中外合作办学项目，作为第一批教育部批准的合作办学高校，中国农业大学国际学院的名字吸引了张莉莎的注意。“当时选择国际学院的初衷就是觉得这样的教育经历可能会对我未来的毕业选择提供更多的可能性。”至于选择经济学专业，张莉莎坦言“经济学是文理交叉学科，对于当时文科生的我来说，有挑战，但也很有意思。”就这样，带着对“经济学”和“中外合作办学”的选择，张莉莎来到了国际学院。

“我们入学前有个语言考试。如果通过了这个考试可以直接选课进行专业课学习；如果没通过考试的话就需要参加一年的语言培训。”作为通过考试的学生，张莉莎并没有觉得自己有什么优势。相反，她意识到没参加语言培训的劣势。“我发现，参加了培训的同学，在听说读写方面都经历了系统地训练，一年的时间里在语言上有了很大的进步。我们这些通过考试的同学虽然可以直接上专业课，却缺少了系统的语言训练。”“尤其是第一个学期，刚进入大学的学习模式，又是英语教学，难免不适应。所以我课后需要反复阅读教材和笔记，花很多时间消化课堂上的内容和完成作业。”

事实上，张莉莎在国际学院的学习远比她所描述的要更加刻苦。那时，选课系统十分宽泛，大家可选的课程很多。如何选择适合自己的课程、有计划地提高自己的知识水平成了大家普遍关注的话题。“学院的氛围很好，选课制度能让我们有机会和很多学长学姐们一起上课，当时多亏了他们对我们的帮助。这些学长学姐们比我们早接触美国式的大学教育，有很多经验，也会很热心地给我们这些刚入学的学弟学妹解答问题。正是他们在学习和生活上对我们的帮助，使我们这段由高中生过渡到大学生的旅程比较顺利。”谈起在母校上学时的老师，她至今还记得两位对她影响很大的老师，一位是政治学的教授，一位则是教授音乐学史和摇滚史的。“他们的共同点是知识渊博，讲课充满激情，同时关注课堂上的每一个学生。在两位教授身上，我看到了他们对自己领域的热爱和付出。更重要的是，我开始意识到教书育人也可以是一件很有意思的事情。”

2004 年，张莉莎从国际学院毕业后曾从事进出口贸易工作，几年后选择继续出国深造，先后取得肯塔基大学和伊利诺伊香槟的硕士学位，以及佛罗里达大学的博士学位，专业是农业经济学。“这条学术之路走得并不是很顺利。”张莉莎坦言道，“中间纠结过，也犹豫过。不过我碰到很多好的导师和合作者。是他们的帮助和鼓励让我逐渐找到自己的方向。”2015 年，张莉莎开始在克莱姆森大学当助理教授，“我既教课，也做研究。教授计量经济学和农业金融，研究方向是政策影响、消费者需求、农业金融等内容”。在谈到教学和科研的平衡时，她谈道，“教学是件费心费力但是很有意思也很有收获的事情。看到学生从不懂到懂，从不会到会，这个过程很有成就感。而且，很多时候，学生的提问会给我的教学和研究提供不同的思路和灵感。”“做研究就不同了，不仅仅需要不断地学习，更需要思考和创新。既会有成就感，很多时候也会有‘此路不通’的挫折感。”

谈到为什么最终会选择学术界，张莉莎认为，自己职业选择更多的是个人经历对自身兴趣和潜力发掘的结果。回想起母校对自己职业选择的影响，张莉莎谈到，“很多影响是潜移默化的，当时可能意识不到，但是回头看来，这些经历真的无比珍贵。比如说，我们专业有一门 public speaking 课程，当时上课的时候并没有很在意，觉得不过是一门和专业课无关的辅修课。上课的时候只是按部就班地完成课上的作业和老师的要求。一个学期下来，不知不觉中，学习了如何准备演讲稿，如何通过演讲技巧很好地表达自己的观点，学会了如何在演讲的过程中克服紧张的心理，如何表现得自然得体。这些年来，我无论是讲课还是做报告，一直在运用着我大一时学习的演讲技巧。从来没有想到，当初并不重要的一门课程，却是让我受益最大。尤其是意识到，并不是所有的专业和学院都会提供类似的课程和机会，我更加感激我在国际学院的学习经历。”“我的经验是，大学阶段，一定不要忽视任何一门选修课，不要过于看重 GPA。要注重思维能力的培养，多关注课堂之外、本专业之外的东西。”

成为老师后的张莉莎依然如读书时那样忙碌，忙着做科研、忙着带学生，但她对母校的感情却是24小时、“无时差”、不间断的。“一定要和咱们国际学院的同学们说，珍惜在国际学院的时光，四年的时间好短，要学习的东西好多。如果大家有申请学校、做科研方面的问题，随时欢迎联系我。我现在也在带研究生，如果大家对我的研究方向有兴趣，也欢迎大家申请克莱姆森大学。祝愿大家都能发现最好的自己，找到属于自己的最佳可能性!”

（撰稿人：林百川）

专访张欣婷：不断挑战，丰富自身

张欣婷

人物简介

张欣婷，2006 年考入中国农业大学国际学院中英项目工商管理专业，在国内学习两年后，于 2008 年赴英国贝德福德大学继续学习，获中国农业大学和英国贝德福德大学双文凭。本科毕业后，赴英国约克大学继续深造，攻读商务金融专业。研究生毕业之后，于 2010 年加入渣打银行北京分行，2015 年加入马来西亚马来亚银行北京分行，2018 年至今就职于瑞穗银行（中国）有限公司任企业部客户经理。

毕业后进入金融领域工作，对于国际学院的许多学子来讲，是一个值得为之奋斗的梦想。在一个忙碌的工作日中午，有幸在环球金融中心旁的咖啡厅采访到了校友张欣婷。作为国际学院校友中在金融领域工作的佼佼者，她为我们讲述了她的大学时光和奋斗史。在北京的金融中心，即使是午间的咖啡厅，我们仍能感受到周围浓厚的工作气氛以及国际化的环境。在采访的一个小时中，我们看到了张欣婷身上积极进取、敢打敢拼的品质，也从她的讲述中了解到了她和国际学院的故事。

ICB：学业与活动并重

2006 年，张欣婷进入国际学院开始了自己的大学生活。谈及为何选择国际学院时，张欣婷认为除了中国农业大学“211”“985”的身份打动了她之外，国际学院的氛围也是一个重要的原因。国际学院有着农大良好的学习氛围以及学习环境，同时又有着其他院所不能拥有的国际化的教学环境，正是这一点打动了当时的她。

刚刚加入国际学院的张欣婷，除了积极学习，还热衷于参加各种活动来丰富自己的阅历。与许多国际学院学生不同的是，张欣婷没有选择加入国际学院的学生会，而是加入了学校的学工部。谈及这个选择，她指出学工部是她了解不同人群的好机会，在与不同学院、不同专业的同学们一起工作的过程中她得到了多领域的锻炼。在学工部工作的日子里，她从最简单的事情做起，如协调校园活动、写报告等，虽然事务繁杂，但她干得很是起劲。时间已过去好久，曾经所协助举办的校园活动的细节已经模糊不清，但我们从她的言语中还是可以清晰地感受出她对那段时光的怀念。

大二时，张欣婷选择成为了一名新生班级辅导员。按她的话说，成为辅导员不仅仅是能力上的锻炼，更是跟同学和老师深入交流的一个好机会。做事踏实认真、责任心强的她很快和学弟学妹们打成一片，除了积极组织班级活动，她还热心帮助解答学弟学妹们在学业上的各种问题。除了帮助同学之外，张欣婷还心系并投身于国际学院的各项工作，比如在暑假期间参加学院的招生工作。在一项项工作与活动中，张欣婷丰富了自己的生活，并且与国际学院的老师们建立了深厚的友谊。

作为一名在校大学生，学习仍然是首要的任务。令我们钦佩的是，尽管张欣婷参加了许多社会活动，但她在大二时仍参加了学院的第一届本科生科研项目（简称“URP项目”），并有幸加入院长的团队，接受指导，她所在小组的研究成果作为刊首文章，在国际学院的URP论文集中发表。谈到如何平衡学习与国际学院的活动，张欣婷校友给了我们她的答案，“其实大学的学习并不是特别紧张，灵活度还是很高的，需要极高的主观能动性，可以用充足的时间去学习自己想学的东西，关键在于个人是否有足够的自我约束能力。”显然，自律是她成功的一大要素。大一的学工部工作，大二的辅导员工作等，张欣婷的社会活动经历无一不在表现她在学习之余的自律。除此之外，热爱也是她成功的原因之一。在谈及为何选择金融专业时，张欣婷告诉我们：“选择金融是因为高中的时候比较喜欢数学，对文科不太感兴趣。”正是怀着对数学的热爱，她选择了金融，而随着不断深入地学习，她也深深爱上了金融这一领域。因此在强烈的热爱面前，我们也不难理解她是如何在繁多的活动中仍能平衡自己的学习了。

约克读研：挫折与能力并进

到了研究生阶段，张欣婷选择了留在英国继续攻读。通过对学校和城市缜密地分析，张欣婷制定了适合自己的申请策略。她最终选择了世界一流的研究型大学——约克大学，专业是商务金融。事实上，张欣婷凭借自己优秀的成绩和社会活动经历收到了许多大学的录取通知书，但她最终决定前往约克大学。谈及这个选择时，她认为，“约克大学相比其他的大学相比要求较高，比如大学要二等一的成绩以及雅思7分。除了成绩要求较高之外，她也很看重校园文化和城市环境。与其他学校相比，约克大学的校园环境、学习氛围和城市人文环境非常吸引她。正如选择国际学院时一样，张欣婷毫不犹豫地选择了约克大学。

研究生的生活和本科还是有较大的区别，在大学期间无论是在国际学院还是贝德福德，张欣婷都是与熟悉的舍友们过着集体生活。而进入研究生后第一项挑战就是住宿问题。因为舍友们都来自不同的国家，大家的文化背景也都各自不同，谈到这里张欣婷回忆道："当时宿舍楼下住着一个黑人学生，他们基本都是早上睡觉晚上起来举办活动。"同时，大家也有着各自不同的生活习惯，因此沟通与协调变得尤为重要。"当时我们约定好每周要开会讨论，比如说某一周谁负责宿舍卫生等等。"在不断地沟通与协调下，张欣婷大大提高了自己的语言能力以及组织协调能力，按她自己的话说："虽然比较烦琐，但是确实个人能力有很大的提升。"

在读研期间，张欣婷延续自己大学时热爱社会活动的性格，参加了各种各样的实习。她先后在邮局和快餐厅实习，虽然这些实习与专业关联不大，但每一段实习都有它的意义。其中，张欣婷谈及实践经历，"一开始的时候确实很难，听不懂别人在点什么，也会经常点错"，但是不服输的她就在错误中不断成长不断补强自己，"有时甚至把菜单拿回家去背，也是学习了一个月才逐渐适应。"然而上天不会辜负每一段付出，两次实习的经历极大地锻炼了张欣婷的适应能力，在毕业后的工作中给了她很大的帮助。

回国工作：不断挑战自己

研究生毕业后，张欣婷面临留英或是回国的抉择，"英国本土意识挺强的，相比于美国而言并不好留下"，最终她选择回国工作。因为想要一份稳定工作，又不想浪费自己的英国留学经历，综合各种因素之后，她决定选择英国渣打银行北京分行开启她的职业生涯。刚刚入职的她就面临许多的挑战，"一开始的时候真的可以说好多东西都不会，从最简单的比如发邮件规则，你要'TO'给谁？'CC'给谁？这些人的职位高低如何排序？他们的相关性？有没有必要给到他？对方的信息存档需求、复核需求？这些都需要考量。包括邮件的内容和语述的组织，毕竟属于外资银行，沟通完全需要使用英语。因为学生时代确实没有太多接触，即使有再多的模拟，到了实战也是有太多要学的。"在众多问题面前张欣婷没有选择逃避而是迎难而上，她的方法就是向前辈们不断学习，"我会去看 team leader 之前的一些方案、报告等文件。"除了发邮件的问题之外，开会上使用的缩略语等问题都会成为刚入职的张欣婷需要度过的难题。同时，不仅仅是这些最基础的东西需要学习，银行自身的业务和产品也是张欣婷需要花费时间与精力去学习的。因为客户都是企业客户，每个公司的领域都有所不同，因此张欣婷也需要时刻学习新知识不断为自己充电。当谈及如何及时为自己“充电”时，她笑了笑，告诉我们并没有什么好办法，“只能边做边学。”对于平常人而言，这么多的挫折，这么多的问题会让一个人产生动摇，但是张欣婷没有，她告诉我们，“毕竟这份工作经历了很多的面试，能进来也是很不容易，所以挺珍惜的，也能学到很多东西。”正是这种从学生时代延续下来的不服输的精神让她在渣打银行高强度的工作压力下逐渐绽放自己。

在渣打银行工作五年之后，张欣婷开始寻求自我突破，她离开渣打银行加入了马来西亚 Maybank。谈及这个选择时，她说，“在渣打客户类型算是中型偏大型的企业，还没有做到最大型的企业，当时想能更全面一些，所以去了 Maybank，因为 Maybank 体量没有渣打那么大，但是专做大型企业，很有针对性。尽管规模没有渣打银行大，但是对我来说算是一个拓展和提升。”在拥有了三年服务大型企业的经验之后，张欣婷继续尝试挑战自己，选择离开 Maybank 加入了日本第二大的金融机构瑞穗金融集团旗下的瑞穗银行。她认为“瑞穗集团体量大，有全球化的背景，并且是一个金融集团，它旗下有银行、信托、证券、资产管理、调研与咨询五大板块，并且是全球最受客户信赖的金融机构之一。”尽管日资企业要求严格，不论是每天严格的上下班时间、例会，还是报告上的需要粘贴整齐的便利贴，张欣婷将这看成是对自己的一种锻炼，并且认为“越严格，产品的质量也就会越高。”

工作八年以来，张欣婷不断地挑战自己，不断地丰富自己的经历。但这并不是终点，当谈及未来的目标时，张欣婷将目光放到国外，“如果有机会，可能会去银行在其他国家的分部工作吧。”我们有理由相信敢打敢拼的精神将在这一位校友的身上不断散发着光和热。在采访的尾声，我们这位优秀且具有亲和的学姐为学弟学妹们送上祝福：

“希望大家都可以把握每一个学习和锻炼的机会，去成就明天每个人不同的、精彩的梦。珍惜现在所拥有的一切，不辜负现在的人生，才是对自己最大的尊重。提升自己，增加抗挫折能力。这不是来源于吃了多少苦，受了多少难，而是源于体验过多少快乐和幸福。愿大家的内心都储存更多的光明，美好和希望，一起向前行。”

（撰稿人：殷向杨）

专访张凡：永不止步的开拓者

张　凡

人物简介

张凡，2007 年考入中国农业大学国际学院传播学专业。曾任国际学院学生会副主席，在丹佛交流学习期间创办了 ICB Club（国际学院海外学生会）。从国际学院毕业后继续在美国深造，取得了乔治·华盛顿大学的国际传播学硕士学位。在硕士就读期间，曾赴瑞士日内瓦交流访问，并在美国创办了华盛顿华语电影节。现工作于龙跃中欧制片人协会。

传播学不是“播种专业”

张凡校友高中毕业于北京汇文中学，2007年考入中国农业大学国际学院传播学专业。那是中美UCD项目恢复招生后的第一届，全年级只有一个由20几位同学组成的传播班。而那时候，大家对传播学的普遍理解还停留在“新闻学”“广告学”等概念。由于班上女生多、男生少，女生宿舍又相对集中，张凡和她的室友们就被戏称为“桃谷六仙”。

“我周围人都问我，你在农大学的传播学难道是播种专业吗?”回忆起当初的选择，张凡幽默地讲起了她的“初心”。“我开始其实也是想学新闻，从小就在报纸杂志上发表过文章，一直梦想着到国外学习先进的理论和实践。后来报志愿的时候，在招生简章上看到了中国农业大学中外合作办传播学专业。然后就考，考上就上了呗。”

事实上，作为恢复招生后的第一届，张凡和她的同学们所面临的局面并不轻松。从某种程度上讲，他们是国际学院传播学第二轮的开拓者。“之前大家也没有来实地考察过，对中外合作办学这个概念也没有成熟的认识，只有到真正来国院上课、融入进来之后，才明白原来美式教学是这样的、传播学是这样的。”那时，学院的教师基本都是美方派到中国的外籍教师，与外国人打交道、熟悉全英语的环境成了她们的“第一关”。美国大学提倡“通识教育”，在大一阶段，张凡和她的同学们不仅要学习传播学的专业课，也要学习数学、生物这样的基础课程。对于高中是文科生的她，这种全新的培养模式，开拓了她的眼界。“虽然我们当时属于探索阶段，大家一起上了各种各样的课程，但这个项目确实带给了我们和中国大学本科生不一样的知识体系、先进的想法和开放包容的心态。我们作为开拓者，会更愿意担负责任，更愿意去分享自己的观点。”

“有想法”的主席

参加了国际学院的学生会竞选后，张凡成为了新一届的学生会副主席。“我们当时的活动虽然没有现在这么丰富，但是大家很有激情，也愿意做事。

当时我们并没有‘拉赞助’的概念，所以每次办活动都要跑到学院里去申请经费。由于经常跑去老师办公室提报活动策划，老师们见到我都有些头疼了。”但正是靠着张凡和同学们的这份执着和不服输的精神，国际学院的活动逐渐丰富了起来。

“我们当时传播专业去美国交流的只有五个人，可以算是进入了一个全新的环境，很有挑战性。”虽然在国内接受了两年的全英文教学，但与真正和美国同学一起坐在教室里上课是截然不同的体验。“我每天都在想着追赶。要拼命赶上美国人的语速，要思考他们讲话的内容，还要发出自己的声音。”幸运的是，作为第一批“小白鼠”的他们，在另一方面也感受到了来自美国老师、同学们的关怀。“美国教授们知道我们的情况，所以他们对我们会更耐心，给了我们很多成长的空间和时间。”

来到丹佛后，张凡发现，尽管大家和美国同学在课上一起学习，但课后的交流融合还是太少。为了帮助大家更主动地认识美国同学、融入美国文化，张凡和她的同学们决定成立一个学生组织，取名叫 ICB Club（Intercultural Club，Beijing 国际学院海外学生会）。“我们当时组织过一些像中美篮球友谊赛、与亚裔学生会联合主办的春节晚会这样的活动，虽然没那么丰富，但是作为开拓者，我们为后来的同学搭好了这个平台。那时候的生活很充实，大家进步也很快。”从注册成立，到与学校内的其他社团竞争活动经费，张凡和团队一路“闯”下来，开辟了国际学院学生在美国的“家”，也奠定了她之后工作中敢闯敢拼的特点。

从校园“开拓者”到社会“活动家”

在美国上课时，因为辅修 women and gender studies 专业，张凡需要到当地一家公益类的机构里面去做一个学期的实习生。她选择了一个名叫“Smart Girl”的公益组织。“这是一家帮助家庭有困难的女孩的公益组织，通过接触这些只有十几岁的孩子，通过和她们一起游戏、建立友谊，让我了解到了这个社会鲜为人知的一面。我到现在都留着当时的培训手册，那些准则和交流方法也让我学会了如何平等待人和处事。”尽管在之后的工作中无法腾出当年那样完整的时间去参与公益事业，张凡依然会坚持参与一些远程的助学项目。"那段经历教会了我去认识不同的群体、不同的人，用尊重和理解去待人，而不是单纯的同情。"

本科毕业后，张凡成为了乔治·华盛顿大学的一名研究生。"我在读书期间参加了一个去瑞士日内瓦国际关系高级研究院的交换的项目，主要研究国际争端和发展问题。"按照这样的人生轨迹发展下去，张凡本应从事国际新闻、战地记者一类的工作，但命运却在华盛顿送给她了一个不一样的选择。

"我在华盛顿的时候，认识了一批喜欢电影的朋友。我们一拍即合，组织成立华盛顿华语电影节。"这个电影节成立的初衷，是希望美国电影观众，特别是在大华盛顿地区生活的观众能够有机会了解到更多高质量的华语电影。本着在学校时培养起来的"摸着石头过河"的精神，张凡和朋友们按照国际专业电影节的标准为这个刚办起来的华语电影节量身定制、聘请专家，倾尽自己一切的"可能性"去全世界寻找最优秀的导师、影片、资源，谢飞、焦雄屏、廖庆松这样的电影大咖统统被电影节请来给青年影人授业解惑。"我们没有从这里面拿过任何报酬，但大家每年依然会去坚持找各种合作伙伴或者赞助方来支撑这个电影节做下去。这个电影节经过几年来的打磨，涌现出了不少非常优秀的专业人才，也得到了业界的认可。我们会坚持做下去，至少给中国电影提供一个在国际上交流、展映的机会，让更多人了解我们中国的故事。"

"人生道路上的积累都不会白费"

张凡现在龙跃中欧制片人协会工作。这个协会的主要任务是搭建中国和欧洲制片人沟通交流的桥梁，用她的话说，自己依然是在从事"国际沟通交流"的工作，这与自己的传播学专业紧密相连。"我们目前的工作就是搭建平台，促进中欧制片人一起开发、合作项目。这个机构注册在德国柏林，受到欧洲多个国家的电影基金会资助支持。我们每年都会和戛纳、柏林等国际电影节进行深度合作，自己也会制片一些电影项目。"中外合拍电影，对内容质量上要求很高，在张凡和她的同事们手里每一部影片都要细细雕琢、马虎不得。

回顾过去的十多年，一路走来，张凡认为当初的经历和积累，都会对自己今后的人生道路有着潜移默化的影响。“当你把自己的兴趣爱好变成职业之后，你会发现，真的是苦中有甜。不论做什么，都要去热爱它，去投入。”从大学时代的学生工作，到后来的社会活动，再到今天的电影事业，张凡一直在不断努力，勇敢试错，快速成长，开拓新的道路，追求自己满意的高度。

“我很高兴地看到学院的活动越来越丰富，和外院、外校之间的交流也越来越密切。通过这几年毕业生的情况，我们看到，国际学院拥有一大批优秀的前往世界一流公司就职或是继续深造的毕业生。这对农大毕业生的就业、研究生升学率、留学深造比例都做出了不小的贡献。希望大家珍惜这个平台，多思考，勇于尝试新的事物，年轻就不要害怕犯错。我们校友一定会常回家看看，也祝愿我们国际学院招生长虹！”

（撰稿人：林百川）

专访谢盈盈：教育是一种终身的情怀

谢盈盈

人物简介

谢盈盈，2012年毕业于中国农业大学国际学院传播学专业。2013年回到家乡创业，担任烟台博大教育学校校长一职。之后的六年时间里，她把烟台博大教育学校打造成了烟台市最佳口碑的民办教育学校之一，累计服务学生2万余名，本人获中国青少年发展协会青少年职业生涯规划师认定。她对于自己的事业认真负责，为学生做好相应的升学发展规划，从而帮助学生更好地学以致用。

“不好意思，让你们久等啦！”循声望去，画面中的女孩儿就是今天要采访的校友谢盈盈。虽是相隔千里之外的视频采访，但屏幕中谢盈盈灿烂的微笑让我瞬间打消了心中的紧张和不安，我们如同阔别多年的老友，开始了今天的对话。从国际学院的青葱岁月，聊到人生中的奋力拼搏，经历了诸多挑战后的她，仍然乐观积极，对现在的生活充满感恩、对未来的生活充满期待。为了自己的教育情怀，不断前行。

艰难而又幸运的决定

机缘巧合之下来到国际学院，面对与自己熟悉的应试、灌输式教学完全不同的全英文授课、国际化的教学方式，谢盈盈心中并不轻松。“一开始语言关就很难过，我高中时英语成绩并不是很突出，第一个学期上课都不知道老师讲什么，发的 syllabus（教学大纲）我都不知道是用来干嘛的。”她如此坦言道，也曾有过挣扎和懊悔。但在一次和父亲的深度谈话之后，她不再动摇。她记得父亲说，国际学院的教学方式和学习环境对一个女孩未来的发展，不论在家庭上还是事业上都非常好，不仅能开拓一个人的国际化视野，还能帮助自己养成独立对面挑战的坚韧品质。于是她下定决心，坚定信念，逐渐适应了国际学院的教学模式，学习上也渐入佳境。

虽然已经离开国院多年，但谢盈盈回忆起当年的班主任杨子华老师时，标志般的笑容再次绽放。“上了大学后我原本以为班主任的概念已经模糊，但杨老师真的很负责任，他有时候会亲自和我的父亲打电话讨论我的学习生活，帮助我很好地完成了这一段艰难的学习过渡期。”还有教 communication 课程的外教老师——豆豆也给她留下了深刻的印象，豆豆老师对于教学的严谨和主张同学用批判性思维面对学习的态度给她未来的学习和生活都带来了很大影响，她也慢慢学会了以批判性思维面对存在的问题，提出自己独到的见解，并将这样思维方式带到之后的创业之中，受益匪浅。

国际学院的学习是富有挑战性的。当年上广告课时，老师会要求同学们购买域名然后设计自己的网站，听到这样的任务时，谢盈盈都觉得这几乎是不可能完成的任务，但还是努力尝试去做，往往会耗费很大气力才能完成。

但现在再回头看，这段学习经历很难得，在努力的过程中，她收获了很多，“一切都是值得的，它让我学会了更加独立。在我未来的工作当中，这些曾经学过的知识与技能，都有它的作用和意义。”

红十字会带来的收获

大学期间谢盈盈并没有参加学生会，而是选择了加入了学校的红十字会。“给我印象最深刻，是第一次参加同伴教育活动，在主持人的介绍中我第一次知道了北京市艾滋病感染者人数，带给我内心的震动很大。”这是她在高中时期从来没有考虑的事情。“那时候我才发现，原来有那么多人需要我们的帮助。”于是，她没有过多犹豫，就加入了红十字会，并担任了红十字会外联部的部长，目的就是为了发挥自己的优势，尽自己的力量，帮助更多需要帮助的人。

除此之外，她还参加了学院的辩论队，并在比赛当中获得了二等奖的好成绩。曾经有一次，她受邀在别的学院辩论赛担任评委，那次的辩论并不是很顺利，由于正方有一位辩手过于紧张，在现场发挥并不是很好，出现了反方辩手轮番攻击那位正方辩手的情况。在辩论结束后的点评环节，谢盈盈并没有把关注点放在输赢之上。她回忆道：“在那样一种情况下，谁输谁赢已经不是最重要的了，重要的是，我们不应当对那样一个孤立无助的选手，咄咄逼人的攻击。”尽管评委的身份告诉她应该更多关注比赛本身的输赢，但她本能的不允许自己眼看着这样的伤害发生。之所以选择教师这个职业，也是希望自己能带着善良，和对他人成长的期待，做好自己能做的事情。

不忘初心，方得始终

毕业后就选择创业，对于谢盈盈来说其实也是一种偶然。“我当时有考虑继续深造，但因为家庭原因，我最终选择了创业。”她回到家乡，从零开始，奋不顾身地投身到了创业中。当被问及为什么要选择教育这个行业时，她想了想，说客观分析是她的确在北京看到了教育投资的风头正盛，相信在山东开创这样一个教育指导类的公司是很有商业前景的；而另一个原因，是源于自己内心的教育情怀，对于帮助他人的善良之内，她相信通过她的指导和帮助，可以让更多经历过高考的孩子发现自己喜欢什么，想要成为什么样的人，而不是随波逐流，盲目地选择自己根本不喜欢的专业，去自己不喜欢的大学。

创业伊始，最困难的还是如何得到市场的认可，进而在市场立足。在实践当中，她发现当前最重要的就是口碑。“如果一个企业可以在市场上立足三年，赢得不错的口碑，那这三年积累下来的学生和家长就会成为你最好的宣传渠道。”为了更好地达成目标，她往往都是亲自出马，事无巨细和客户沟通。在被问及为何如此注重家长和学生的体验时，她说：“我们还很年轻，钱可以慢慢赚；但口碑，却不能轻易地获得，但这点反而是我想要将企业做下去最重要的事情。让我这六年时间坚持下来的动力，说到底还是我对于教育的情怀，我的信仰，让我可以无论何时都精力充沛，坚持不懈，并乐在其中。”时光匆匆，六年间，谢盈盈的学校规模在逐年扩大，并保持了很好的口碑。初心不变，谢盈盈践行着教育工作者的信念，让她在最困苦的时候，也能一步一个脚印地坚持走下来。

谢盈盈说，“教育工作者是需要终身学习的，向行业领先者学习，从家长身上学习，从学生身上学习。”六年来她确实在不断成长，她这样总结自己从事业获得的幸福：“最开心就是看到一家三口端坐在电脑前，父母为了孩子的未来进行争论，犹豫不决时，我可以给出最专业的建议和指导，争论与纠结消失了，笑容重现在他们的脸上。”她说，在这个职业上不仅看尽人生百态，更是时刻提醒她不忘初心，带着曾经感受过的善意和温暖，对待所有人。

祝福谢盈盈，继续前进，用自己的专业知识和善意，带给更多人更美好的未来。

（撰稿人：杨浩天）

专访王浩宇：扎扎实实“解民生”

王浩宇

人物简介

王浩宇，2009年考入中国农业大学国际学院经济学专业，大三赴美国普渡大学交流学习两年，获中国农业大学和普渡大学本科文凭。本科毕业后，曾赴非洲工作，两年后前往美国约翰霍普金斯大学商学院攻读MBA学位。在校期间，创办HH基金，针对美国学生公寓进行运营和投资，现资产规模已达上亿美金。现任大禹节水集团董事长，美国HH基金董事长，湖畔大学第四期学员，世界不动产协会常务理事。

人生有时就是“机缘巧合”

王浩宇在位于天津武清的大禹节水集团总部接受了来自母校的采访，并回忆起了大学的那段难忘的青春岁月。

“我当年高考的时候，自己本来想报的是中国人民大学或者中国政法大学。我本人是想学法律的。但是，我父亲最后却给我报了中国农业大学农田水利专业。进入农大后，父亲尊重了我的出国意愿，这才调剂到了国际学院。”由于这段“阴差阳错”的选择，王浩宇从此踏上了出国留学的道路，也在冥冥之中和“农”字结了缘。“我们农大的学生从进门的时候，校训就自动给我们贴了一个标签——‘解民生之多艰，育天下之英才’。这就是我们身上的烙印，要学会利用这个资源。大家千万不要想着把头上的这颗五角星摘了，要多想想如何把这个五角星戴端正了，让它闪闪发光，为你所用。”

虽然现在回想起来，王浩宇对当时的选择不无自豪，但十年前的他却还没有时间和精力去思考自己未来将会与这个“农”字产生怎样的人生交集。那时的他，更多地把时间投入到了学习和出国留学当中。“当时真是机缘巧合。本来我是定了去丹佛交流学习的，但是我的室友并没有被美方录取。我看他天天很是苦闷，我这人又爱想办法、爱琢磨，就给他建议了去报名试一试学校与美国普渡大学的交流项目。在陪他办手续时，我发现自己也符合这个项目的招生标准。于是，我当即决定，和另外几个好兄弟一起报了名。那几天，我们连宿舍都没回，在外面找了个宾馆，用了不到三天的时候，就准备好了所有材料，并寄了出去。”结果出来后，王浩宇同时被美国马里兰大学和美国普渡大学录取了。虽然由于兄弟情谊，他选择了普渡大学，但是几年后还是“阴差阳错”地去了约翰霍普金斯、去了巴尔的摩，并在那里淘到了人生的第一桶金。

敢闯、实干、有韧劲

从大学毕业后，王浩宇没有急着攻读硕士学位或是回到国内就业。相反地，他选择了一条很多人不看好、甚至不愿想的成长道路，去非洲历练。“年轻的时候，一定要多闯。我大学一毕业，哪都不愿意去，就去非洲，扎扎实实待了两年，看到了不一样的世界。在国内我们可能还很挑剔，但是你到非洲看一看，会感到中国太幸福了。在美国可能人们觉得那些新兴的企业才叫生意，可是在非洲，什么都是生意，什么都可以做。这样，你一下会把自己打开。打开之后，再收起来，聚到一个点上。聚到一个谁都不愿意深入去把它挖深、挖透的点上。我不爱高谈阔论什么，一定要做细，不能浮躁，就是扎扎实实去做。”

也许是在美国的经历开拓了王浩宇的视野，也许是在非洲的历练锻造了他能吃苦、不服输的意志，当24岁的王浩宇站在位于巴尔的摩的约翰霍普金斯大学门口时，他一眼便看到了别人想都不敢想的商机。“我一到霍普金斯，就发现了一个机会。那里有这么多大学生没地方住，生活不方便，却没有一家企业敢在巴尔的摩那个城市搞留学生公寓项目。我在学校学习的是不动产金融专业，同学们又都是有房地产从业背景或学习房地产的。那我就决定把大家攒起来，一起干，弥补上那里市场的空白。我们一起做PPT，找项目，找投资。边上学，边创业。从最初大家凑来的两万美金发展到现在有一百多人的团队，资产达到上亿美金，成为在美最大的中资地产基金。”

王浩宇谈起自己人生的第一个作品，自然是滔滔不绝、充满成就感的。因为他的团队在巴尔的摩服务好、口碑好，越来越多的留学生选择了他们。他们的业务也从原来简单的公寓投资，发展为全方位、一体化的留学生服务。从留学生拿到offer开始，行前准备会、订机票、接机、住宿、假期旅游、找工作、介绍对象……一项项业务发展得有声有色，但在大洋的另一端，一项更大、更艰巨的挑战正等待着他。

临危受命有静气

2017年，王浩宇的父亲，国内著名的节水科学家王栋，突然辞世了。在父亲身后，留给王浩宇的是一家拥有上千名员工、资产达到几十亿人民币的上市公司。面对员工们的殷切期望，面对社会上的各种关注，年轻的他，主动担起了这副担子。

“我是25岁回来的。父亲突然不在了，面对这个企业，我问自己，要怎样才能在这个公司平稳掌好舵？自己这接下来的30年该怎么干？我们再走研发核心产品，然后拿去卖的老路，是不现实的。走天天投标、干工程的路，也是不长久的。摆在我们面前的，只有一条可行的思路，那就是运用金融的方式。”

首先，王浩宇打通了公司的各条产业链。以前，大禹节水的业务更多集中在产品研发、生产环节和项目的实施环节。回顾整个行业状况后，王浩宇归纳并提出了建立“八个版块”的构想。“这实际上是产业资本化的过程，通过资本来打通整个业务链条，通过资本来优化商业模式，通过资本来带动各个平台的发展，以投资来拉动业务的转型升级。面对一个马群，我们先要调动整个集团的资源、布局好现在骑什么马，同时也要养好小马驹。一匹马骑几年，骑累了，还得换。比如，我们过去是以产品为核心，现在转型后是以项目为核心，但同时我们也看准了信息化、智能化的发展趋势，那我们就要提前把这块布局好。”

解决了金融资本的问题，人力资本的问题又提上了日程。“人力这块，这两年我做了很多工作。我们的副总裁虽然全部换了一遍，但是没有一个人是离职的，他们全部都仍在岗位上各司其职。如果员工能力不够或是岗位不合适，但他的品行很好，我们绝不会裁员，而是会给他换一个更合适的位置。我们对组织架构也进行了调整，通过优化集团的管理，提高薪酬、待遇，吸引了一大批人才过来。”

经过两年的改革、转型、升级，大禹节水集团注入了更多新鲜血液，王浩宇的能力也获得了大家的认可。“我们这个公司风气比较正，大家都是为了公司好，对我的改革都是很支持的。需要有一个证明自己的过程，你的决策正确了，会得到更多人的响应、得到更多人的认可。我做事情是喜欢自己砸第一锤子的，必须自己把每件事情都干一遍，边干边想团队的搭建，用组织、机制把这些人带起来。比如，最近的云南这个项目，我肯定亲自去。最后做出来，证明这个项目选对了，大家一定会认可你。”

“农大人”的使命与担当

虽然王浩宇将自己每天繁重的公司决策戏称为“割韭菜”，但说起自己身为农大人、扎根农业领域的责任与担当，他却没有了半点儿戏言。在他的脸上，浮现出一份超越 28 岁小伙子的成熟与使命感。

“我确实之前没有做过农业，对这块了解不多。担任大禹节水的董事长后，我去了不少地方实地考察。在我们国家，有的地方还很落后。那些老百姓，水也浇不了，肥也施不了，天天还在看着黄历种地。很多人，包括我，一直对农业领域有两个误区。第一，是觉得农业领域没有机会。第二，是觉得有所谓的一招鲜吃遍天、一招制敌。要知道，根本不可能用一个想法、一招绝活就解决全中国的农业问题。农业要想发展，不能单靠某一个企业，要靠各个行业，不断往前去走。我们要有战略耐性，稳步推进，干一个成一个；干一片，让老百姓富一片。”

王浩宇有好多朋友都在做高科技、无线充电、人工智能等领域，但他反而觉得大家是拥挤在一个风口、热口上面。“我一直不喜欢往扎堆的地方走，我个人的性格是愿意做一些看得见、摸得着的。我从来不觉得哪个行业就比另一个行业有很大的优越，每个行业都能做好，成为头部企业。我们这个行业也很大啊。在这几亿农村人步入城市高质量生活的大背景下，我们能看到很多机会。农民的生产资料在流通中被反复加价，信息上又严重不对称，我们就用技术、设施替代人力，用数据替代经验，用信息化的网络替代经销商的渠道。这些需要提升的地方，其实都是机遇。”

王浩宇的人生才刚刚开始，他的故事也注定会变得更加精彩。不过，面对母校的采访，他更愿意有更多来自农大的同学一同加入“三农”这片广阔天地中来，一起书写人生的美妙华章，践行“农大人”的使命与担当。

“中国农业大学是中国最好的农业类大学，我觉得咱们农大的学生，要思考如何把农业变成自己的优势，思考如何在农业当中与个人的专业相结合、创新。比如我们国际学院的学生，如何在农业当中与金融、经济、传播等专业结合起来，用国际化的视野看待问题，在跨界当中，找到农业与自身专业的结合点、找到交集。这是我们应该着力的方向，这是我们的价值。我期待在农业领域看到更多咱们学校走出来的优秀毕业生！”

（撰稿人：林百川）

专访王雪晶：从国院走到讲台，享受每一段经历

王雪晶

人物简介

王雪晶，就职于北京新东方学校，北美 VIP 项目部托福规划师、写作组组长，荣获 VIP 优秀教师称号。2009 年考入中国农业大学国际学院经济学专业。2011—2013 年前往美国科罗拉多大学（丹佛）进行交流学习，在校期间担任中国学生会主席。2013 年毕业后赴美国乔治城大学攻读应用经济学专业硕士学位。2015 年加入北京新东方学校工作至今，教授科目包括 GRE 写作、GMAT 写作、托福写作、AP 宏观经济学、AP 统计学等。

对于国际学院的学子来讲，“新东方”是一个再熟悉不过的地方，从雅思、托福再到GRE、GMAT，为了这些出国必备的考试，我们奔波于学校和“新东方”的教室之间，风雨无阻。“大家稍等我一会儿，给你们订了些喝的”，我们刚刚选定采访地点，王雪晶校友就急匆匆地提来了奶茶。原本印象中忙碌的教室因为王雪晶的热情增添了一种轻松、温馨的气氛。围坐在宽敞明亮的教室里，我们仿佛是闲聊的一众伙伴，聆听王雪晶讲述她与国院的故事。经过一个多小时的采访，我们看到了王雪晶校友身上很多优秀的品质。比起更高的追求，王雪晶更像是脚踏实地、享受人生的“佛系少女”，但她的人生经历完全没有因为“佛系”而变得平淡。

学习+活动=完整的大学生活

大一加入记者团，大二作为新生辅导员，大三又成为中国学生会主席，当我们问到王雪晶为什么选择投身于这么多活动中时，她的回答出乎我们的意料：“没有太多为什么，我就是希望能玩得开心。”高中时期，王雪晶就读于天津市第二十中学，大量的作业和练习压在肩上，学习就是生活的唯一主题。而国际学院多元化的教育体系让王雪晶看到飞出“鸟笼”的机会，后两年又能出国体验不一样的生活，她当然不能错过。2009年，王雪晶入学。那时的国际学院是唯一一所得到国家认可的合作办学院校，名声在外，吸引了不少梦想着出国的年轻人，王雪晶就是其中之一。不论在国内还是国外，国际学院提供给学生们参与活动的机会多种多样，这正符合了王雪晶的理念：大学生活不应该只有学习。虽然当时的她只是抱着开心的心态去参与了这些活动，但现在回首，正是因为这样的经历，大学生活才能如此精彩。

后两年选择去丹佛读书，作为中国学生会主席的王雪晶开始承担举办活动的任务，这也是让她印象最为深刻的一段经历。“我当选会长的过程还是蛮轻松的，更多同学会选择集中精力学习或是放松自己，所以与我竞争的人几乎没有。”始终重视社会工作的王雪晶成功当选，她依然保持着自己开心、享受的态度，所以这项责任并没有变成她额外的负担。当年由王雪晶主办的歌唱比赛，现如今已是海外学生会每年的固定项目，大家认可她的创意，参与度也非常高。第一届歌唱比赛，学生会计划邀请十位同学作为参赛者。举办全院范围内的活动就意味着大量的宣传工作，王雪晶还费尽心思邀请来了音乐学院的权威教授作为评委。即使是这么多工作同时进行，她也不忘准备 plan B。“为了避免突发情况的发生，我当时又邀请了两位同学作为候补，如果参赛者都到场了就改为十二个人，也没关系。”果不其然，临近比赛就有三位参赛者突然请假，幸亏有了王雪晶的 plan B，活动举办得很圆满。

作为一名学生，学习仍然是职责所在。谈到如何平衡学习与社会工作，王雪晶认真沉思了一会儿，“我从来不觉得参与社会工作就是耽误学习，也并没有感到疲惫，对于每项活动的参与，我都不觉得后悔。”王雪晶本科期间的成绩几乎满分，学院的学生工作也到处遍布着她的身影。她强调的参与社会活动并不是建立在牺牲学习时间的基础上，所以时间的合理安排和规划显得尤为重要。“其实我在办活动的过程中也有遇到过问题，第二天就是我们的期中考试，前一天却要举办大型的学院活动，哪个都不能怠慢，我就会安排好每天的学习任务，及时完成就好了。”这件事说起来容易，做起来难。良好的学习习惯、学习效率以及自律性都是挑战，王雪晶也是在历练中不断成长。

宿舍姐妹团

不论谈到哪一段本科经历，王雪晶总会提到她的室友们，几个人深厚的感情是她大学期间的珍贵记忆。王雪晶的心思单纯，性格温和，并不是这个小团体的主导者，但她的确是最开心的一个，这样的心情也在潜移默化地给周围人带来欢乐。六个姑娘，除了王雪晶以外，其余五位都来自北京，即使是这样，她们的生活步调还是能统一起来。每周的课程在周四结束，所以当天晚上被安排为宿舍“狂欢夜”，从电影到 KTV，就算是通宵也要玩个痛快。如果不是考试周，每周周五就会变成“睡眠日”，被早起所支配的压力通通会在这天得到释放。

当然，王雪晶的宿舍生活带给她的不只是娱乐和放松。“很多活动我们也会组团儿报名，并没有什么特别的原因，大家在一起玩得开心就好了。”因为分配的问题，王雪晶所在的宿舍单独设置在十八层，而同届女生们都住在六层，交流的缺乏让她们逐渐成为“脱节”宿舍。为了“反击”其他女生对她们的私下议论，王雪晶和姐妹们决定集体加入记者团，也来“八卦”别人的生活。就是因为这样简简单单甚至有些孩子气的想法，王雪晶走入记者团，认识了更多的人，也逐渐爱上学生工作。在学习方面，这个宿舍姐妹团也有明确的安排。考试之前相约图书馆，就算有时因为起晚占不到自习座位，学习的节奏还是不能落下。“跟小伙伴一起学习还是挺好的，我当时也并没有感受到太多的学习压力。”六个人相互督促，一起学习，王雪晶的心态很放松，成绩也相当优异。

幸运的海外实习

研究生阶段，王雪晶就读于美国乔治城大学，专业是应用经济学。学校的综合排名和专业排名都不错，这也是王雪晶申请的研究生学校里最好的一个，她当机立断，开始了一年多的华盛顿生活。因为这是三个学期的项目，王雪晶的第三个学期相对轻松，只有两门课程，她也像其他学生一样投了实习简历，希望能充分利用自己的课余时间。投了四个公司，最终收到了其中两个的邀请，王雪晶选择去实习的公司叫作 global impact，是一家美国政府机构，主营非营利项目。“我是这家公司录用的第一个中国人，所以同事们都对我特别好奇，每天中午吃饭也总会跟我聊天。”王雪晶校友回忆起这段经历时面露微笑，她喜欢这里的环境，还遇上了好的老板。

因为文化的差异，美国公司不实行“打卡”制，如果上班晚到一会儿，在下班后补回来就可以了。王雪晶喜欢在休息时间去周围游玩，看展览，看风景，有时候太开心忘记了时间，就会晚一点到公司。“我经常会把出去玩拍到的好看照片拿给我的老板看，他看完也会特别开心，告诉我下次可以带他一起去。”平时的工作中，王雪晶的其中一项工作就是在各个网站或数据库里搜索特定的数据。每一个无法成功找到数据的搜索途径都被她记录下来，一一罗列，以后再需要搜索的时候就可以直接排除这条途径，为同事节省了不少的时间。即使没有步步紧逼的工作压力，王雪晶对待工作也是一丝不苟，她认真的工作态度也是得到老板青睐的原因之一。

忙碌与快乐

研究生毕业后，王雪晶选择归国，毕竟家人都在这边，亲情总是无法割舍的。不同于大多数同龄人的选择，王雪晶并没有为自己制定清晰的职业规划，她甚至不着急工作。在得到父母理解和支持的情况下，她决定休息一年。如果上班后很难再有机会放下一切去享受生活，那就在工作之前让自己玩个痛快。也是在这一年中，王雪晶得到了去新东方工作的机会。“来新东方工作也是很巧，我那天正好回到农大办手续，遇上了新东方的招聘，他们 GRE 写作科目缺老师，我就来了。”有了海外留学经历，英语无疑是她的优势。在美国留学时，王雪晶经常作为中国留学生“课代表”向老师讨教，理解消化后再传授给大家，不知不觉间有了教学的经验。这样考虑下来，新东方是个不错的选择。

每年 10 天的休假机会，每月 240 小时的工作强度，每天 8:30～20:30 的连续课程。王雪晶最忙的时候，就是这样的体验。新东方的老师们还需要奔波于各个校区之间，朋友们欢聚的周末，她们却在忙碌。“我带的第一个班是统计课，周四通知我，周六就要开始教学，那两天真是忙到不行。上课当天坐在教师专用的大巴车上，我还带着一书包的书。也多亏了这几天的准备，我的第一个班完全没有投诉的情况发生。”万事开头难，第一个班顺利结课，没有投诉或是学生换课的情况，王雪晶正式开启了“连轴转”的工作状态。在教过 AP 经济、GRE 写作、托福写作等课程之后，王雪晶开始长期负责 VIP 一对一的课程。相比于人数众多的大班，一对一课程更有压力，每位学生会有个性化的问题，讲课的节奏也要因人而异。“这里的工作很忙，但我真的不觉得累，因为跟孩子们在一起我非常开心。”

作为一名海归，王雪晶的教学方式的确会有不同。在国院和海外的经历改变了她对成绩，对教育的看法。“对于入学成绩不理想的学生来讲，与他们多沟通并不是一件耽误时间的事，聊天可以作为长时间学习的间歇，也是我和学生建立感情与信任的时机。”王雪晶更看重的是学生们能否有效地理解和消化知识，大量的教学和作业不一定会有好的效果。正是这样独特的教学方式使得王雪晶得到了学生们的认可，她与学生之间除了师生的相互尊重，还有朋友一样的友谊。

“经常有学生上课问我，老师你怎么一直这么开心呢，与学生在一起的时光，留作业、判作业都是快乐的。可能是因为一直没有走出学校吧，我很享受这里单纯的环境。”

在王雪晶的字典里，“佛系”就是不带着功利心去做事，随心走，享受每一段经历。

（撰稿人：张雪筠）

专访于越：拥抱生活，活在当下

于　越

人物简介

于越，2009年考入中国农业大学国际学院经济学专业，2013年本科毕业后成功免试推荐至中央财经大学经济学院，攻读国民经济学专业硕士研究生。2015年考入中国人民银行淄博市中心支行，2016年考入深圳市南方科技大学，先后从事书院辅导员、党政办公室文秘工作。

五月的北京春意阑珊，而此时南国的深圳已进入湿润的雨季。这是于越来到深圳的第三个年头，他逐渐习惯并喜欢上这里的一切，适宜的气候、崭新的城市面貌、有条不紊的工作节奏和朝气蓬勃的校园环境让他觉得眼下的生活从容自在。而回忆起在国际学院度过的四年青春，他表示那是他一生都难忘的充实又美好的时光，而国际学院亦是他永远的精神家园。

学霸的星辰大海

在高中时代，于越就一直梦想着自己有朝一日能来北京读大学，高考后填报志愿时，地处首都北京、有着悠久合作办学历史的国际学院深深地吸引了他和家人的目光，于越将这个心仪的学院放在了自己的第一志愿，最终也如愿以偿地被国际学院录取。入学后，班主任老师特别关心同学们的学习和生活，帮助同班同学很快适应了国际学院全英文授课的环境，学习状态迅速步入正轨。国际学院的经济学教授 Enoch Cheng 以讲课艰深晦涩，考题玄奥难解而令无数国际学院学子闻风丧胆，然而，于越却认为 Enoch 教授的课“刺激”“有趣”“充满挑战性”，令他十分着迷。每当遇到课堂上没有吃透的知识点或者难解的经济学难题，他总会向 Enoch 教授请教，有时针对某个有争议性的难题，他们甚者会激烈地讨论争辩，直至得出令双方都信服的答案。凭借扎实的数学功底和这种“打破砂锅问到底”的精神，Enoch 教授课上的每次考试于越几乎都能拿到 95 分以上，成了当之无愧的学霸。对待其他课程，于越也同样没有放松对自己的要求，小到每堂课的课堂测试，大到期中期末的演讲、考试，他都倾注全力认真对待。与国内教育特点有所不同的是，国际学院课程对于成绩的评价更加多元，出勤率、课堂表现、课后作业、论文、课堂演讲和期中期末考试均以不同比重计入该门课的最终成绩，这就意味着同学们从开课那天起一直到课程结业，始终都处于忙碌紧张、不能松懈的状态。而于越也坦言，在本科期间，他的生活轨迹几乎是宿舍、教室、篮球场三点一线。四年下来，始终以刻苦勤奋的学习态度和严谨求实的学术精神要求自己的他学业成绩名列前茅，以 GPA3. 85 的绝对优势顺利拿到了学院为数不多的保研名额。

说起保研，于越认为这完全是一段误打误撞的经历。当于越得知自己有希望保研时，时间已接近大三下学期尾声，对国内课程内容和保研流程知之甚少的他抱着试试看的心态报名了中央财经大学的夏令营。结果出人意料的是，他以笔试和面试双第一的成绩脱颖而出。被问及成功秘诀，于越认为是在考前做了几套央财往年的考研真题，让他对考试内容有所把握，而更重要的原因则是在国际学院的学习为他打下了坚实的经济学知识基础，清晰的逻辑思维能力、开阔的视野和地道的英语口语表达让他能够在面试中侃侃而谈，从一众考生中脱颖而出，使得导师们青睐有加，而流畅的英语口语表达能力这一优势也使他在此后面试四大的实习时底气十足。

在本科阶段，于越也参与了不少社会实践活动。他曾是英才辈出的校级社团挚友社的一员，设计并组织了社团秋游和采访优秀毕业生等活动。这些活动极大地锻炼了他的统筹策划能力和沟通联络能力，给他留下了很深的烙印。

选择适合自己的道路

从学校到社会工作，于越都保持着一颗开放学习的心。在本科期间，于越便开始实习，作为国际学院的学生英语底子都不错，他的第一份实习是给一家外贸公司当翻译，到了硕士期间于越还主动承担了中央财经大学计量经济学这门课的助教，采用中英文授课，因为自身的沟通交流和语言表达能力强，所教授的课程获得了师生的一致好评，期间还得到导师推荐到国务院发展研究中心产业部实习。发展研究中心是国务院的智囊团，其每项工作都事关国计民生，它有着严格的程序性，需要扎扎实实地把工作做深、做细。于越做事严谨踏实的“责任感”在国务院发展研究中心实习期间发挥得淋漓尽致，完成了多份行业研究报告，为有关政策的出台提供了参考。高强度“训练”的实习经历为于越日后的工作打开了大门，研究生毕业后于越便回到家乡工作，成了中国人民银行淄博市中心支行的一员。

于越之前从未想过自己有一天会去到南方工作，在他眼里上海以南都算南方了。由于感情方面的原因，于越开始考虑到深圳工作。深圳气候好，没有雾霾，人文环境也不错，深圳市政府财政实力雄厚，而教育是短板，为吸引优秀人才汇聚深圳，因此政府在教育上投入很大。所谓初心是于百转千回后依然能保持当初的情怀，高考后于越一心想成为一名老师。比较幸运的是，于越成了南方科技大学的一名辅导员，这与在国际学院接受的国际化、小而精教育密不可分。南方科技大学建校时间不长，但整个学校发展非常迅速，建校仅7年便获批博士学位授权点，在2018年泰晤士师世界大学排名已位列中国内地高校第八，本科招生分数已达到中上游“双一流”高校水平。于越喜欢大学校园里面这种纯粹而又新鲜的环境，氛围轻松、活泼，平日里跟同学打成一片，工作团队大家协调配合。人生没有白走的路，每一步都算数。擅长做学生管理，喜欢跟学生打交道，这些都跟于越当时在国际学院参加的学生工作是分不开的。于越清楚国际学院辅导员沈琳老师人特别好，经常请同学们吃饭，与同学们谈心，从此发自内心觉得辅导员是一个很伟大的职业，对学生帮助、成长关系影响特别大。当真正接触辅导员这个职业时候就更伟大了，南科大是新兴学校，在管理模式上去行政化，学院没有行政人员，只有辅导员。一个学院里面只有三名辅导员，从党建到财务，到学生管理什么都得会，基本什么重担都得于越自己一个人挑。于越自己也有压力大的时候，但一想到自己辅导员身份会是广大学生成长成才的纽带，于越浑身又充满了干劲。

幸运背后离不开于越自己的努力，一路过来，于越所走的每一步都是那么坚定，致力于学生工作的同时，于越也从多方面不断地锻炼、提升自己。因基本功扎实，文笔不错，经学校考察后于越现被选拔到党政办公室从事文秘工作。

寄语后辈

现身为辅导员的于越，更希望自己能给学弟学妹们带来学习和生活上的指引。“大学期间如果能做一些事情，那为什么不做一些有意义的事情呢？事情总会往好的方向发展的。”北京是一座各种资源都非常丰富的城市，大学是一段很幸福的时光。作为过来人，他希望，学弟学妹们能多走出宿舍，多和校内其他学院的同学一块交流，将所学投入实践，去探索，去感受，去做很多不曾料想又不虚度生命的事，谈一场轰轰烈烈的恋爱也未尝不可呢！

（撰稿人：宋宇政　娄涣钰）

专访黄蔚嘉：两百场没有观众的演讲

黄蔚嘉

人物简介

黄蔚嘉，2011 年进入中国农业大学国际学院经济学专业学习，成绩优异，超额完成数学辅修课程，并作为学生代表做了毕业演讲。本科毕业后前往哥伦比亚大学就读 Management Science & Engineering 专业硕士学位，目前在一家法资精品银行做跨国企业并购。

即使时隔多年，当谈到黄蔚嘉时，老师们依然有着深刻的印象，她成绩一直名列前茅，而且总是选择难度最高的课程；她仪容端庄，曾在毕业典礼上作为毕业生代表发言，一展风采。

我们联系上黄蔚嘉那天，已经是晚上九点半了，而第二天早上她还要出差。出于公司场所的限制，只能用微信语音进行采访。她说话非常简洁明快，聊起往事也云淡风轻，直到她聊起自己如今奋斗的动力和以后的理想，她说："我以后会去创业——虽然风险很大，但是有风险才能有回报嘛——创业难免会失败几次，多失败几次也就好了，如果我能早日实现财务自由，就可以有时间和资本做自己喜欢的事情……我现在做的这些努力和经验，都能为我的创业打下基础。"

进入大学以来，黄蔚嘉的一系列选择与努力，也都是朝着这个尽管过程云雾缭绕、终点却十分清晰的目标而前进的。

在选择中认识自己

"我毕业于清华，我想做小组的 consultant，我有许多的创业经验，我曾经在中国开过一家淘宝店。"

"我知道中国的淘宝店，很容易注册成为商家，而且都是线上交流，这并不能证明你的实力。"

"我来自上交，我想竞选小组的'数学家'。"

"清华的同学留下来，上交的回去吧。"

……

在哥伦比亚大学 Management Science & Engineering（MS&E）专业开学前的指导课上，教授对上台介绍自己在未来小组的角色的同学逐一进行了近乎残酷的筛选和评价。这节课从晚上七点一直进行到次日凌晨两点，身着全套西装的同学们仍在不住地争论。在各国顶尖学校毕业的学生和有充足工作经验的职场老手的"环伺"下，只有依靠身边同学的讲解才了解 PPT 上的专业内容的黄蔚嘉感受到沉重的压力。然而在研究生生活开始的第一天，她找到了自己的长处，并一直在哥大小组研究中表现不俗——她凭借自己出色的交际能力扮演了 facilitator 的职位，负责对外的交流合作，并担任了小组组长。

学会发挥自己的长处，从而做出明智的选择，是黄蔚嘉来到国际学院以来一直努力培养并最终做到的。

来到国际学院之后，黄蔚嘉做出了一个与众不同的决定——在修完辅修的基础上又多修了几门数学。相比于文学与传播，黄蔚嘉更偏爱实科。而且她当时向往的金融工程需要大量数学基础，虽然很多同学认为数学比较难学，而当时数学老师 Luke Chuang 博士又非常严格，但黄蔚嘉还是上了许多 Luke Chuang 博士的数学课，她在课上和老师时刻保持互动，课下和老师交流，最终收获了很好的成绩。

那时黄蔚嘉习惯坐在教室中间的座位，而由于课程难度，同学往往默不作声，于是出现了每节课 Luke 与她隔着几排不断沟通交流的场景。

也是在数学课上，黄蔚嘉认识了许多志同道合的同伴，她通过与朋友互相监督激励，一起自习、泡图书馆，为自己打造了严肃认真的学习环境。

同时，为了更好地提升英语实践能力，黄蔚嘉加入了英语辩论社。彼时的国际学院还没有自己的辩论队，英辩社便是一个绝佳提升英语与思辨能力的地方。有许多辩题让黄蔚嘉记忆犹新，比如死刑该不该废除。为了更好地向英辩社的“大神”们看齐，她不停地背单词，刷美剧，那段时间，几乎每天被论题与英语笼罩——“感觉自己已经疯狂了，连做梦都在讲英文”。

此后，在专业和工作的选择上，她也不断思考衡量自己擅长和想要的，从而找到适合自己的方向。由于学金融工程需要补习大量数学，她转而选择了对数学要求相对较小但却同样实用的 Management Science & Engineering；在研究生学习中，她意识到编程的重要性，因而选修了很多语言课程；不断的实习、投递简历让她对自己喜欢的工作有了清醒的认识，她拒绝了许多知名银行与证券公司的 offer，并最终选择了她更喜欢的精品银行——其中涉及的跨界和并购正是她感兴趣且擅长的部分。

在黄蔚嘉大学生活中，很少见到糊里糊涂的选择，有的只是冷静思索，不畏困难的果敢抉择。

做到自己该有的样子

黄蔚嘉谈论事情时总是举重若轻，语调平静，但谈到在研究生的一件事时却仍透露着欣喜之情。

在哥大学习的时候由于强手如云，她在研究生课堂上不太敢发言，直到有一次期中演讲，前三组老师都很不满意，一个女生由于口音问题甚至被指导老师当众指责时，身在第四组演讲的黄蔚嘉非常紧张，然而演讲结束，老师指着她向同学们说："这就是演讲该有的样子。"

"那一次演讲并不长，但我足足练了两百多遍。"

黄蔚嘉做事情时，总是全神贯注地投入，在访谈中，"一两百遍"成了经常出现的量词。

研究生做实习期间，黄蔚嘉给 100 多家美国公司写信，然而回信却只有 1/3，她对这几十家公司逐一研究，最终认准了一家投行。由于这家投行中基本都是白人男性，专业也侧重于公司金融，所以黄蔚嘉一开始并没能得到老板的认可。但黄蔚嘉并没有因此放弃，而是尝试把老板单独约出来聊天，从自己的长处，到企业文化，慢慢地她与老板熟悉起来。

在暑假期间，她先后去了中资券商和四大资管之一做实习，发现这两个行业并不适合自己。于是实习结束后，她再次约出了那家投行的老板，并分享了自己的实习经验。当她再次表达出想要实习的意愿时，那位老板被这种不懈的精神打动了，同意让黄蔚嘉进入公司实习——她成为了公司中唯一的黄种女性。

由于黄蔚嘉现在的工作非常忙碌，做项目时常会一直到深夜，有时中午会忙到顾不上吃饭，又经常出差，因而常常生活并不规律，"除了 work 还要有 life 啊，这些都很重要，但是想做到平衡还挺难的"，她说。

不过在繁忙的工作中，她依然坚持着一个爱好，就是健身。每周她都去健身房三四次。因为在单位经常废寝忘食，出差饮食又难以保证健康，她决定通过健身来保持健康。

"工作和健身都很累，"她说，"但是是两个不同维度的累，有时在单位忙了一天会非常疲惫，去健身房就可以放松大脑。”

纵观黄蔚嘉的成长之路，鲜见轻松、随意之类的字眼，长期的坚持和高标准的要求已经成为了常态。

黄蔚嘉从大学以来的经历尽管看起来一帆风顺，在她口中犹如过眼云烟，实则充满了果断和坚韧。她一直在发掘和实践，找寻自己的长处和自己真正喜爱的东西；一旦她遇到自己适合与喜爱的事物，都会毅然去争取、奋斗，无论是练习一两百遍的演讲，还是工作后与理想公司的不断沟通。

如今的黄蔚嘉正处于事业的上升期，在跨国并购交易中一步步提升自己，积攒自己的资源、人脉，并学习公司经营的方法——虽然创业形势瞬息万变，她有自信会有一天把握住潮流，去争取属于自己的生活。

（撰稿人：汪锦华）

专访王珏璘：年轻而自由的体验派

王珏璘

人物简介

王珏璘，中国农业大学国际学院2012级经济学专业学生，2014年转学至密歇根大学金融数学专业，毕业后工作一年。目前在芝加哥艺术学院攻读建筑学专业硕士研究生。

采访到王珏璘时，是在她持续飞行了一个星期后。闲暇之时，她总是喜欢这样自由自在地到处走走看看，一路上旅行、写生、读书或是冥想，没有刻意地安排，也不拘去哪儿，只是随心而行。就像一路从经济学专业改学金融数学，最终又回归到学习建筑的初衷，她始终在尝试更多可能，是个年轻而自由的体验派。

在国院解锁无数可能

谈起与国际学院的渊源，大概可以追溯到王珏璘小学四年级时。当时，她亲戚家的一位姐姐就在国际学院就读，在姐姐的描述中，王珏璘第一次了解到国际学院这个“特别而又神奇”的所在，而令她想不到的是，多年后，她也成为了国际学院的一名学子。尽管王珏璘只在国际学院生活学习两年，但这两年的时光她过得着实丰富多彩。她当过辅导员，为记者团写过稿，在行知剧社排过剧，也参与了国际学院咖啡厅的初创。在这些活动中，最难忘的还是她担任辅导员的经历。大二时，王珏璘担任了经济学班的辅导员，从开学前的一系列准备筹划工作，到同学们入学时的注册、带领同学们认识校园、开第一场班会，军训时早上五点多便迎着朝阳起床，陪同学们一起训练，再到后来指导同学们选课，合理规划自己的大学生活……她努力回想自己刚入学时在学习和生活方面遇到的难题，用以指导自己的辅导员工作。一年下来，她不仅是总能及时提供有效帮助的学姐、辅导员，更是和大家打成一片、无话不谈的好朋友。

在积极参与学院各类活动、为辅导员工作倾注心血的同时，王珏璘也同样没有放松自己对于学业的要求。和大多数同学相似，王珏璘在初入国际学院时，对全英文授课也有过短暂的不适应的情况，“那种感觉就像是你发现课堂上老师播放视频时突然就没有中文字幕了，什么也看不懂”，她这样形容当时的压力和无助。她下定决心攻克语言关，背单词，练习托福听力，在课堂上主动与老师互动，认真揣摩如何让自己的表达变得更加地道……改变正在悄然发生，一个漫长的冬天过后，量变的积累终于实现质变的跃升，她不仅以高分通过了托福考试，英语听说读写能力都有了全方位的提升，对待下学期的学习自然也是游刃有余。

出国留学是王珏璘由来已久的心愿，大二下学期，她凭借出色的成绩和个人表现收到了密歇根大学的录取通知书，从而转学成为密歇根大学金融数学专业的一名学生。王珏璘在国际学院时就上过了数学教授 Luke 和 Robert 开设的所有数学课，并且都取得了相当不错的成绩。在国际学院打下扎实的数学基础和对数学的热爱，让她在转学重新规划专业时最终选择了金融数学，在密大之后的学习中，她也感受到国际学院的教育和铺垫让她在很多方面更加得心应手。

自由的人生不设限

从密大毕业后，王珏璘先是从事了一年多统计方面的工作，日复一日的工作内容让她倍感枯燥乏味，不甘于安逸的她开始重新思考自己的人生方向。在高中时，王珏璘就一直喜欢建筑，那些精美绝伦的设计和复杂奇巧的构造常常令她惊叹神往，奈何国内大学的建筑专业实在难考才让她暂时搁置了这个梦想。在大学最后一年，她修过的一门素描课，因为出色的构图能力和空间想象力，美术老师甚至鼓励她尝试读一个美术辅修。虽然她因毕业在即，已没有充足的时间深入学习而放弃了这个建议，老师的建议却让王珏璘认识到“原来我还可以做这个”。内心的声音越来越清晰，几番考虑后，她最终决定重返校园，攻读建筑专业的硕士。情之所钟，即使辛苦疲惫也甘之如饴。在学习建筑一年后，王珏璘依然保持着最初的那份热爱和激情，有时为了做模型，画手稿，她可以不吃不喝不睡，沉醉其中。她喜欢在设计的作品中融入自己的感情和思考，不拘一格，自成一派。在造型、光影和色彩的交织中，她感到了“前所未有的满足”。王珏璘所理解的建筑是一种诗意的表达，当她静静伫立在那些建筑物前时，她甚至觉得自己能够与之对话。学习之余，王珏璘还喜欢用相机记录生活中有趣的细节，几件随意摆放的手工艺品，一格古朴典雅的窗子，或是杯壁上冒着气泡的香槟酒……这些都为她的设计注入了丰富的灵感。

在国外生活多年的王珏璘依然眷恋亲人和故土，“每次我回国见到父母时，我都觉得他们在慢慢变老，而祖国也在飞速发展”。对于未来的规划，王珏璘希望能在完成学业后回国发展，找到一家与自己风格相投的公司，而后成为一名建筑设计师，通过自己设计的作品来表达和展现空间之美，让他人在空间里获得幸福和满足。而在硕士阶段接下来的两年里，她将继续在广博浩瀚的建筑学领域探索和发现建筑之美。

寄语后辈

不论是转学去美国还是重返校园学习建筑，王珏璘始终在为自己的人生创造更多可能。她希望学弟学妹们能够突破条条框框的束缚，勇敢地去做自己热爱的事情，向光而行，追随本心，人生的边界就会持续扩大。

（撰稿人：娄涣钰）

第四章

那些年，那些事

2019.5.9

不忘初心，牢记使命

——献给25岁的国际学院

傅泽田

傅泽田

作者简介

傅泽田，中国农业大学校务委员会副主任、烟台研究院院长兼党委书记，兼任中国农业机械学会副理事长、中国渔业物联网与大数据产业技术创新联盟理事长等职务。20世纪90年代，入选国家百千万人才工程，曾获得国家“有突出贡献的博士学位获得者”“北京市青年学科带头人”“农业部有突出贡献的中青年专家”等称号。主要研究领域集中在农业现代化与农村发展研究、农业信息化、精细农业和农业专家系统等方面，先后主持完成国家和省部级、国际合作等重大科研项目36项，发表SCI收录论文150余篇，EI收录论文64篇，出版学术专著8部，获多项国家和省部级科技奖励。1994年在任原北京农业工程大学副校长期间创办国际学院，曾兼任国际学院院长多年（1994—2000年），在任中国农业大学副校长期间联系分管国际学院至2008年。

时光荏苒，岁月如梭，ICB 竟然已经 25 岁了。在此，我要声明一下：本文中，我将以 ICB 代称国际学院，因为 ICB（International College Beijing）更能反映国际学院初创时期的历史背景，对这一点，我在后文中会有交待。

25 年对于一所学校来说算不上很长的历史，但对于一批为了 ICB 的发展，经历了数不清的奋斗艰辛与成长喜悦的创业者个人的职业经历而言，1/4 世纪绝对是一段漫长而无法忘怀的履历。

一、ICB 的诞生根植于中国改革开放走向深入的肥沃土壤

1992 年邓小平同志南行讲话，开启了中国建设社会主义市场经济的全面改革，由此把改革开放带入了一个新的发展阶段。

1993 年 12 月，我被任命为原北京农业工程大学的副校长。当时的老书记、老校长艾荫谦和翁文馨同志找我谈话，他们说："小傅，你年轻，学历高，有知识，已经破格评为正教授了，今后要多挑重担，敢于改革创新，放心大胆地工作。"在随后的学校领导班子分工中，组织上给我压了一副重担，让我分管全校的学科建设、本科教学和国际合作事务。同时，为了推进学校教育教学改革，党委常委会还把校长办公室划归我分管。组织的信任、领导的鼓励让我既感动又倍觉压力，当时头脑中整天思考的都是学校如何深化改革和开放发展等问题。

1994 年 3 月，组织上派我到中央党校学习，主题是如何构建和发展社会主义市场经济。这次为期四个半月的学习，对我而言真是及时雨，它不仅在思想上为 ICB 的筹建提供了理论支撑，而且在社会资源的动员上为她的诞生提供了巨大帮助。在同期学员中有数十位来自高等教育机构的领导者，其中有当时教育部政策法规司王茂根司长，关于中外合作办学的思路和发展方向，我曾多次向他请教，得到他极具启发性的指导。在几次重要的学习辅导报告中，就有当时的教育部长朱开轩同志就教育改革与发展和社会主义市场经济体系的关系的分析报告。正是在对社会主义市场经济理论的学习和与诸多学员讨论的思想碰撞中，坚定了我们把中外合作办学的大门开得更大，把中国高等教育的对外开放引向纵深的信心和决心。

二、ICB 的成长始终沐浴在教育改革创新的春风中

准确地说，ICB 的孕育起于 1994 年 5 月美国科罗拉多大学丹佛分校（UCD）文理学院副院长对北京的访问。通过当时学校国际合作处孟繁锡同志和他在 UCD 工作的朋友李博士的介绍，我们了解到 UCD 有在北京建立国际学院的意愿。事实上，自 1992 年起，UCD 已经在俄罗斯与莫斯科大学建立了国际学院 ICM（International College at Mosco），并在韩国、德国和墨西哥也建立了类似的 IC 系统（International College）。世界多地的国际学院都参照这种命名方式，将合作办学机构的名称缩写为 IC + 所在地的第一个英文字母。

当时，中国的改革开放广受世界关注，UCD 文理学院院长 Marvin Loflin 教授是一位具有全球化视野的教育家，他深知中国在未来世界中的重要地位，并对在北京建立国际学院表达了强烈的愿望。而在中央党校学习的我，也正在为探索面向社会主义市场经济体系的教育改革开放寻找破题的节点。

1994 年 5—6 月，科罗拉多大学丹佛分校（UCD）的代表团先后两次来访，尤其是在其 6 月的访问中，我与 Marvin Loflin 院长和分管学术的 Georgia Lesh-Laurie 副校长基本确定了在北京建立国际学院（ICB）的共同意愿，双方就原北京农业工程大学与 UCD 合作办学的要点和我 7 月份访问 UCD 的行程做了详细沟通与安排。

1994 年 7 月中旬，我结束了在中央党校的学习。三天后，便踏上赴美商谈签署联合办学协议的路程。在 UCD 访问的 4 天行程中，我与文理学院 Marvin Loflin 院长和主管教学科研的副院长、5 个系主任分别进行了多次深入地交流与讨论，重点围绕引入 UCD 国际经济专业的课程体系、教师安排、学分转换、毕业要求、学费结算和 UCD 教师在 ICB 的生活安排以及 ICB 管理体制的设置等问题进行沟通和设计。我将中国关于中外合作办学的基本要求和我校对未来发展的设想与目标向美国同行做了较为充分的阐述。期间我还会见了 UCD 的主要校领导，拜会了科罗拉多总校的校长。双方就签署合作办学协议和未来开展更广泛的合作交流进行了深入探讨。访问结束后，我带着双方达成的共识和在我校成立国际学院的协议文本返回了北京。

1994 年 9 月，原北京农业工程大学正式批准签署与 UCD 的联合办学协议。同年 11 月，ICB 的“中美联合办学班”正式启动招生。1995 年 1 月，双方分别完成了中美联合办学协议的签署，正式成立“北京农业工程大学国际学院（ICB）”，开设“国际经济”四年制本科专业。协议规定：完成学业，达到毕业要求的学生可同时获得北京农业工程大学毕业证书和学位证书以及美国科罗拉多大学的学位证书。

1995 年 4 月，农业部发文批准 ICB 成立（农人发［1995］14 号），并报原国家教委备案。同年 10 月，原北京农业工程大学国际学院改为中国农业大学国际学院。同时，经过评估和现场考察，美国的 North Central Association of Colleges and Schools，Commission on Institution of Higher Education 正式批准了 ICB 享有美国大学学历教育资格，可获得美国科罗拉多大学学位授予资格；ICB 的学生在北京学习所获得的学分可在美国各大学等值转换。

至此，ICB 以一个崭新的姿态走上了教育改革与创新的发展之路。今天，在这条道路上，她整整走了 25 年，取得了一个又一个来之不易的成果。这些成果难以一一列举，仅举以下几个我亲身经历的改革创新事例与大家分享：

——ICB 在国内率先引入完全学分制（1994 年），为学生提供了广泛的选课空间；

——率先成立中美联合工作委员会，使其国际经济专业的教学质量和学生综合素质既满足中方的毕业要求，又达到美国的标准，学生获得的学分在全美各大学可以得到认可；

——在坚持以我为主的前提下，引进了 2/3 的美方教师或外籍教师，农大编制员工占比不足 20%，其余皆为合同制工作人员，经费完全依靠自主办学收入维持高效运转；

——率先引进研究型学习方法，让学生从一年级就自选进入感兴趣的科研领域。1996 年，ICB 在读本科生开始赴美参加“世界大学生未来领导者论坛”，发表学术论文；

——率先在国内开设传播学专业，ICB 的传媒协会获得美国国家传媒协会（NCA）的集体会员资格，并获得优秀论文奖；

——1998年，先后启动了与英国贝德福德大学、普利茅斯大学和美国阿拉巴马大学的合作办学，开始了ICB博采众长、兼容多样的国际化办学之路；

——北京奥运会之前，通过与英国贝德福德大学合作，共同开创了“媒体管理”（Media Management）的硕士学位项目，为北京市传媒界培养了100多名媒体管理硕士研究生，为北京奥运会的媒体和新闻人才队伍建设培养了大量人才，利用中外合作办学资源强化了学校社会服务的职能；

——在中外合作办学党建工作方面，建立了一套独特的适合中外合作办学和面向国外师生交流的党建工作体系。这一创新成果获得各级组织的肯定和表扬。2008年，ICB的一系列教育教学改革创新成果获得了国家教学成果二等奖。

类似的教育教学改革与创新不胜枚举，可以说ICB一直在改革创新中不断探索，茁壮成长，一路奋进！

三、不忘初心，牢记使命，建设一流大学的奋斗永远在路上

ICB的25年是不平凡的25年！回望来路，可谓披荆斩棘，风雨兼程；放眼前程，道路虽不平坦，但未来却是充满光明的。因为我们的初心就是面向世界、面向未来、面向现代化，就是让中国的高等教育走上世界前列，从而为中华民族的伟大复兴提供文化、科技与人才的强大支撑！从这个目标出发，过去和今天的成绩只是万里长征的第一步，每一份收获都是向新的高峰攀登的起点。党的十八大以来，习近平中国特色社会主义思想体系为我国高等教育的改革发展提供了新的、更加明确的指引：培养德智体美劳全面发展的社会主义建设者和接班人，建立全党和全民族的“四个自信”，构建人类命运共同体……尤其对我校提出了建设具有中国特色、农业特色的一流大学的发展方向与目标。因此，ICB改革创新的精神必须进一步强化。

“雄关漫道真如铁，而今迈步从头越。”对历史的回首和总结，将使ICB在已经取得的成绩上变得更加成熟，更加坚强，更有方向。奋斗正未有穷期，无限风光在险峰！祝愿ICB在中国农业大学建设中国特色、农业特色一流大学卓越目标的征程中贡献新的力量，再创辉煌！

（2019.7.1于北京）

国际学院之路

——纪念国际学院建院 25 周年

孟繁锡

孟繁锡

作者简介

孟繁锡，中国农业大学教授，曾任国际学院党委书记、院长，中国农业大学国际合作处处长兼中以中心主任，是国际学院和中以中心的创建提议人和主要创建人之一。在中国农业大学国际交流合作初期，尤其是在引进国外智力方面做出了突出贡献，曾获国家外国专家局、农业部和北京市教委的多次奖励和表彰；2005 年荣获中国农业大学“师德标兵”称号。1996 年由农业部、科技部和国家外专局联合派出驻以色列代表并创建了“中国国际人才交流协会驻以办事处”；在以色列工作三年，为中以农业领域的合作做出了应有贡献。研究领域包括国际教育、农业生态环境，先后培养了 20 多名硕士生，与国外联合培养博士生 4 名，发表论文 50 余篇，编写教材及辅导丛书 4 套；常年组织和参与国际交流事务及农村发展规划活动，对国际教育和“三农”建设等方面有着浓厚兴趣。

中国农业大学国际学院始建于1994年，坐落在原北京农业工程大学（现中国农业大学东校区）内，时任党委书记是艾荫谦，校长是翁之馨。那时，全国改革开放的浪潮已冲击到教育领域，教育界已启用世界银行贷款，派出不少的专家学者及留学生到国外进行学术交流、访问和攻读学位，学校已经呈现了紧锣密鼓，蒸蒸日上、蓬勃发展的局面。校办的外事科也改名为国际合作处，负责学校的请进派出和接待短期来访；外国专家的交流与访问不断，我们整天忙于迎来送往工作。

但与其他高校相比，我校的国际交流项目尚属落后状态，在外事活动中我校仍无大的发展，我们只有拓展对外交流，方可有所成效。“捕捉机会，一有机遇，抓住不放，直追到底”就成了我们办公室的工作方针。

偶遇李超博士

清楚记得，1993年秋，偶遇来自美国科罗拉多大学（丹佛）的李超博士。他在去香港途中顺访北京。原来Denver拟在香港创办一所“国际学院”来完善Denver文理学院院长Marven Loflin提出的建立“环球教育体系”的规划与设想。当时我感觉这是一个有趣且有意义的事情，于是就提出了能否在我校也建立这样一个学校。李超说出了美方学校的意愿：在香港办学校，因为香港是一个国际化的城市，而大陆达不到香港的水平，美方对此持否定态度；而在港创办学校可以辐射东南亚地区等等。尽管如此，我还是想要进一步摸清Denver之意，于是主动找机会和李超进一步摸底并阐明在北京创办这个学校也能起到那样的作用等。我们谈得很好并恳请他把我的想法汇报给Denver的校方领导：北京是够开放的，辐射全国和东南亚地区是有希望的，在首都北京创办这样的一所学校意义深远。他答应了我，的确李超向Denver校方汇报了！后来，我接到了李超博士从美国打来的国际长途电话，并与Denver文理学院的Marven Loflin院长通了话。我回答了Marven提出的几个问题，并冒昧地邀请他赴京考察，就创办学校的相关事宜进行探讨，承诺他只要到京，将会对食宿及交通进行安排。他当即表示感谢，愉快地接受了我的邀请。

科罗拉多大学丹佛分校代表第一次来访

Marven Loflin 真的来了。1994 年 3 月 8 日，“三八妇女节”这天，Marven 与其助理 Laurah Catuera 来到北京。当天下午，我在机场就介绍了“三八节”在人民大会堂的庆典活动晚会，并邀请他们参加此盛典晚宴。人民大会堂的庆典场面很壮观，还有国家领导人出席，他们亲眼目睹了我国改革开放的大场面，这里的一切为其留下了极深刻的印象。之后我们每次见面 Marven Loflin 就会讲这段经历。

第二天，我们立刻展开了与 Marven Loflin 的座谈。由于一切都是在摸底之中，需进一步加深双方的了解，故我并未向校方正式报告，只是按照正常的外事活动接待。在座谈时，我深刻地理解了他“环球教育体系”的设想和构架，并知他已经和莫斯科大学英文系创办了第一所国际学院（ICM-International College at Moscow），还有几个国家也在谈判着。他把整个创办学校的理念跟我很快就说清楚了，并拟定下次派人来我校就课程设计与教学方面的有关具体事宜进行考察与落实。就这样，Marven Loflin 院长顺利地结束了他的第一次来访。

科罗拉多大学丹佛分校代表第二次来访

1994 年 5 月 4 日（“五四青年节”），Marven Loflin 派教务主管 Kenven O'Nell 到我校来访。我们经过认真地策划，与 Kenven 的谈判很顺利，他把所有拟开设的国际经济与贸易专业全部课程交给了我们，我很高兴，并提出来当年（1994 年）9 月 1 日开学的设想。

“啊！太快了！来不及。有好些事情还要细化，如：上课的教师安排，教材及校内课程申报批准等等”，Kenven 摇着头说。

我方为了促成此事，积极配合，争取当年招生开班，抢占这块“中外合作办学”的空地，填补我校“无国外校际关系”的空白，极力阐明并说服 Denver 方面按我们计划进行的利弊及缘由。经过我们的努力，终于取得了 9 月 1 日开学的共识，Marven Loflin 积极推动，由于双方暑假不同步等原因问题，开班典礼延迟到 11 月举行。

科罗拉多大学丹佛分校代表第三次来访

1994 年 11 月 4 日，Marven Loflin 第三次来访，由他的助理 Laurah Catuera 陪同。就在此次访问中，举办了国际学院成立的典礼仪式。中国农业大学艾荫谦书记会同部分师生代表与美方来宾一同参加了简朴而有意义的典礼。

来访中，我方提议要先进行三个月英语培训，以保证学生的英语水平达到全英语授课的要求，希望美方派一名教师来京，负责语言培训学习，并可以修学分；同时双方进一步安排与 Denver 同步教学的有关详细事宜，美方对此表示同意。这次，虽然 Marven Loflin 来去匆匆，但他很高兴，因为他看到了中国改革开放的局面和我们创办国际学院的热情以及他发起“环球教育体系”的希望。

首届学生

美方连续三次来访之后，国际学院便开始着手落实招生等工作。中国农业大学也表示此项目由国际合作处负责落实及推进。

经过与几家报社沟通，多方的共同努力，“国际学院”的第一份招生广告就在《南方日报》上刊登了。招生广告刊登之后，我们陆续收到几个从南方城市打来的咨询电话，但是最终也是以观望为主。正当我们着急没有学生的时候，我们接待了 3 名在一家英语补习班补习英语的学生，他们听了我们的介绍后，对国际学院的项目比较感兴趣，于是一下子来了十几名学生，再加上之前几名举棋不定的报名者，国际学院的首批学生就由这十几名学生组成。不管怎么样，我们可以开班了。这里要感谢 Denver 对我方的理解和支持！有关该届学生的培养与教诲，“一对一”的学习模式，就不在这里赘述了。

第二年我们的招生就有了较为丰富的应对策略和能力，成功录取二十多名。第三年得到学校教务处拨来三名统招生（计划内），这样就完善了“统单合一”（计划内外并存）的学生成份，从而奠定了学院的发展基础。同时，构成了国际学院的办学特色：计划外和计划内的学生同堂上课且为全英语授课的教学模式。在我国的教育改革中开辟了先河。

“首届招生”之后的后续工作

从 1993 年底的一个与美方通话，到 1994 年 3 月份美方来考察，再到 5 月份进行课程安排，11 月份就举办了合作办学典礼。只有三次接触，就达成了共识，双方决定成立国际学院，期间并没有太多的思考，而是根据双方的意愿，本着相互信任，共同发展教育事业的原则进行了积极协商。双方均未形成正式文本向各自的校方提出具体方案，只是通过两个院长间的交流而达成共识，本人当时并不是最终决策人，边请示边工作，积极地在拓展国际合作领域来寻找建立校际关系可能性，在此次外事活动中抓住了机会。不管怎样，对于美方来说，我就是中方的代言人，做事必须要讲诚信，在对外交往中尤其重要，每次都严格代表学校进行接待和谈判。虽然那时学校的国际合作重点主要是在农业工程领域，但与农业毫无关系的 Denver 项目也可谓是我校的一个创新项目，起码与我校理学院有关联。然而我们还是有着各个方面的担心，谁又知道此举能否成功呢？若不成功，就难免给学校造成不好的影响。不过，我们还是仔细应对、周密设计，奔着成功的方向而努力。虽然，当时并未形成正式的文本向学校报告，只是把接待美方来访的活动和意向向翁校长作了详细汇报，校长非常支持并指示：“如果能有合作机会，定要抓住不放”。学校的指示给我们指引了方向，也给了我们勇气和力量，为后续的美方考察、课程规划与设计以及开班典礼奠定了基础。

在招生、组建教师队伍以及接待外教的过程中，我们发现此事双方已形成了基本框架并积极的向前推进，立即起草文件获取上级审批，呈文上报农业部教育司。经过几番修订、答辩和周折，终于获得了农业部批准并报教育部备案。但学位认可仍然需要进一步呈报并获得“教育部学位委员会”的批准，文件虽呈报，而后很多问题又相继出现。因为这是我国改革开放后与国外合作办学，并在中国境内获得国外文凭的首例，审批非常慎重，又经过几番周折，终于以“试办”的名义获得了暂时许可，UCD 项目得到了教育部的认可。

我们在1995年录取了二十多位学生，但这在社会上并未带来所期望的影响。根据当时的具体情况，我们又进行了进一步的总结与分析，找出关键问题，逐一制定出解决方案，同时请学校教务处在我们招生人数上作进一步补充。

在第三年的招生中，学校教务处拨给UCD项目3名学校计划内学生。这样双文凭和单文凭两类并存的共计六十名学生，就开始在这种独一无二的办学模式下学习，国际学院也成为了一个名正言顺的学院，从此完善了中美合作联合办学的模式！接着就是轰轰烈烈的发展阶段，国际学院正式排上了学校教学管理日程。

“玉不琢，不成器”——学院发展

国际学院在各级领导的关怀下，在改革开放的进展中像一棵幼苗诞生了，又在中外教师和社会各方面的精心浇灌培育下茁壮成长。我们坚守教育方针，坚持引进国外优质智力资源为我服务的原则办好中外合作办学，牢固掌握教育主权，培养既懂中国传统文化又通晓英语的智能双全、现代化复合型人才。联合办学要求满足双方的培养目标，不仅在学业成绩上，而且在思想品德上都必须要达到双方要求和标准方能毕业。为此，在学校的领导下，乘着我国改革开放的东风，根据国际学院的学生结构，把办学模式、办学特色、培养目标，按照中外不同教育体系和要求，在教师队伍建设、教材选定、学生管理、组织建设等方面，大家群策群力，齐心打造国际学院这块美玉。

在波折中成长

随着我国改革开放的深入发展，人民的生活水平不断快速提高。由于国际学院的快速发展，美方派老师前来授课的人数和人次数逐年增多，这在某种程度上已成为美方的负担。美方在1999年提出上涨学费的要求，造成当时比较紧张的局面和办学的困难，就此事经学校和上级各部门的多方协调，多轮激烈谈判后，终于达成了共识。我们深刻地体会诚信友好、互相理解才是合作基础，互惠互利、双赢方能持续发展的道理。虽然以后每次合同条款上均有不同的新要求，但双方都在合作中成长，为中外合作办学增添了不少宝贵的经验。

与英国鲁顿大学开展合作办学

随着办学经验的不断积累，合作伙伴又有了进一步的丰富和扩大，在1999年同英国鲁顿大学（后改名为贝德福德大学）建立了合作关系。双方确定了“2+1”的办学模式，即：学生在我校学习2年，成绩合格后前往英方继续第三年的学习，完成学业获我国承认的英国本科文凭。学生可以继续攻读硕士学位，可在英国鲁顿大学学习，也可选择英国其他学校。此举在社会上影响面甚宽，国际学院的名声越来越大。我们与两个国家的两所学校合作就有了相对稳定的局面，同时相互激励、互相促进，保障了国际学院平稳、持续地发展。在中国农业大学、各级领导和中外教师的辛勤培育下，国际学院由一棵不起眼儿的小苗长成了一棵引人注目的大树。

与普利茅斯大学和普利茅斯城市学院开展合作办学

在“非典”还未平息的2003年，我们又成功地与英国普利茅斯大学和城市学院建立了合作关系，进一步完善、拓宽了国际学院联合办学的渠道和增添了国外合作伙伴，保证了学院的稳定发展。

与科罗拉多大学（丹佛）合作的再发展

UCD项目尽管因“非典”出现了暂时的波折，但期间我们与鲁顿大学和普利茅斯大学以及普利茅斯大学城市学院的合作办学更是火爆。我国改革开放势不可挡，出国留学的浪潮一浪高过一浪，波及世界，更波及到科罗拉多大学丹佛分校。此时，曾几次来国际学院上课并曾担任UCD项目协调员（on-site coordinator）的Mark Heckler升为Denver校区的Pro-Vice Chancellor。Dan Howard上任文理学院院长。Mark对国际学院非常了解且很支持，Dan是具有开拓发展眼光的院长，他们一拍即合。2005年，美方主动向我方提出恢复ICB项目（ICB-Restart Program）。Mark主动来校访问，同我校方友好谈判，双方重新启动了科罗拉多大学（ICB Re-Start Program）项目。从此，UCD 项目复活，开辟了国际学院又一新篇章！

纵深发展——与美国俄克拉荷马州立大学开展合作办学

伴随我国教育领域改革开放的深入发展，与国外联合办学的浪潮汹涌澎湃，2000 年左右，全国到处都是联合办学，多所高校和社会上相继成立了无数国际学院。联合办学的质量及监管力度有待控制和加强。

此时，教育部要求确保中外联合办学的教学质量，要严格挑选国外学校合作办学，严防不正规的联合办学出现。上级要求我校的联合办学应与国外农口名校展开对口联合办学。我们和美国俄克拉荷马州立大学存有共同之处，他们的专业设置符合我方的需求且积极与我校合作，经几次沟通，两校于 2012 年签署了合作办学的协议，同时获取了教育部的正式批准。从此国际学院展开了纵深发展的翅膀。

与科罗拉多大学丹佛分校合作办学是国际经济与贸易专业和传播学专业，主要生源为国家统招生，同时招收少量计划外单招生；而与 OSU 的合作办学则全部为国家统招生，专业定为农业经济管理（农业商务方向）。

与多所学校开展合作使国际学院的发展更加稳固，教学质量得到了保证。国际学院的特色也基本成形：全英文授课；高水平外教比例大；学籍管理与国外同步；统招单招同堂并存；素质教育与学校资源共享等。国际学院毕业的学生既懂英语，又懂专业；既有国内学习经历，又有国外留学历练，视野广，易就业，深受用人单位青睐。

展望

截至 2019 年，国际学院已经走过了风风雨雨 25 个年头，正处于兴旺的时期。无论是教学模式、专业设置还是学生管理和青年教师的培养，国际学院具有鲜明的特色并积累了宝贵的经验，为我国的社会主义建设和发展培养出一批又一批优秀人才。毕业生在国内国外的高水平舞台上展示着自己高超的素质。这一切成果归功于我国的改革开放，归功于学校各级领导的支持，归功于国际学院全体中外教师的辛勤工作，归功于学生及家长的信任和支持。

国际学院虽然已经取得巨大成就，但“果园人”仍需再接再厉，不断改革创新，在学科建设上进一步发展和完善。国际学院的未来将会成为一个既有本科生，同时又有硕士生、博士生的联合培养教育平台。通过国际学院与国外合作伙伴的共同探讨，充分利用国内外的优质教育资源，争取早日实现这一宏伟目标，使国际学院这朵鲜花更加绚丽多彩。

国际学院走过的路就是我国改革开放的一个缩影，是我国改革开放在教育领域的一大硕果。国际学院的蓬勃发展将在中国农业大学的历史上写下光辉的一页，我坚信国际学院的明天更加辉煌璀璨。

我与国院

杨宝玲

杨宝玲

作者简介

杨宝玲，女，1957 年 1 月出生，中共党员，教授，2017 年 1 月退休。曾于 1998 年 4 月至 2006 年 6 月在国际学院工作，任书记兼副院长，主要负责学院的党务、学生、招生、宣传等工作。伴随着国际学院的成长，经历了办院初期的艰难，发展过程中的风风雨雨，见证了国际学院不断发展壮大的历程。有过困惑，更有收获的欣喜和激动。在国际学院工作期间，主编出版了 2 本记录国际学院发展的书籍，曾获“北京高校优秀德育工作者”“中国农业大学优秀党务工作者”等称号。

时光如白驹过隙，转眼已经是国际学院成立的第25周年。1998年4月至2006年6月我曾经在国院工作过，虽然时间不长，但我见证国际学院的壮大、发展和完善，也亲历过这其中的苦乐与辛甜，在国际学院短短8年的工作与生活经历已成为我人生中受益匪浅的珍贵“旅程”，成为一段极其宝贵的回忆。

1998年的4月，我有幸加入了国际学院这个大家庭，那时学院刚刚成立不到三年。国际学院作为我国首批开展中外合作办学的学院，是中国农业大学开展国际化教育的窗口。作为副院长的我感受到了肩上担子的沉重。幸而遇到了志同道合的同事伙伴们，一齐努力，志向统一。在大家伙的一致努力下，使国际学院不断壮大和发展，于1999年发展了第一批学生党员，于2000年成立了直属党支部，我任书记。随着教工、学生党员人数的不断增加，党组织的活动更加丰富多彩，队伍更加壮大，于2003年成立国际学院党总支，之后的2010年，成立了国际学院分党委。

学院一直坚持以“正直、仁爱、勤奋、进取”为院训，坚持既引进国外先进的教育理念，又紧密结合中国国情的管理模式，根据教学和学生特点不断探索学生管理，强化学生自我约束、自我管理。在这样的前提下，“国际学院第一届学生会”于1997年在老师的指导下，在学生共同支持下诞生了。也正是因为有了国际学院学生会，国际学院的同学们才有了更加丰富多彩的课外活动，才有了凝聚力。

让我记忆最深刻的，便是2001年国院的合唱团在全校的歌唱比赛中，拿了“合唱第一名”和“最佳指挥”双料冠军。同学们在赛后的庆祝活动中，展现出了独有的“青年好胜”和自然流露的“青年自信”情绪。学院也为同学们的辛勤付出终有回报而感到高兴。国际学院也正是因为这群一往无前的可爱的同学们，才一直不断地碰撞出新的精彩。

从组织“第一次”到全揽“第一名”，来自各方的认可和荣誉是国际学院飞速发展的推进器，我很荣幸自己参与了这个过程，也对从国际学院获得的学识而心怀感恩。

随着英国项目的开展，国际学院出国的学生越来越多，为了给予在海外学习的学生更多的关注和指导，也秉承着注重人的全面发展和完整人格的塑造，培养具有家国情怀，富有社会责任感和使命感，具有国际视野，通晓国际规则，具有国际竞争力的创新型国际化人才这一理念。我们先后探索了一套海外学生组织管理和日常管理的新方法、新模式，以多种形式与海外学生进行联系，开展帮助和指导。这些探索和指导得到了上级领导的高度肯定。

都说大学是一个小社会，同学们进入国际学院的第一年就展现了各自不同的个性。经过国际学院的熏陶、打磨、历练，最后变成能为国家未来贡献其所学专业力量的栋梁之材。

现在的国际学院被大家亲昵地称为“果园”，确实如此，桃李遍天下的国际学院，何尝不是一个硕果丰厚的“果园”呢？曾参与过国际学院一砖一瓦的搭建，也注视着国际学院势如破竹的成长。愿时光慢走，国际学院永远正青春。也愿“果园”的同学们前程锦绣，与国际学院一起共赢远大前程。

陪国际学院走过的 25 年

焦群英

焦群英

作者简介

焦群英，中国农业大学理学院教授，博士生导师，指导博士和硕士研究生 30 余人。曾任中国农业大学理学院院长。主要研究方向：振动与噪声控制、动态信号分析与设备状态监测和生物力学。发表研究论文 50 余篇，主编并出版“机械振动与模态分析”“理论力学”和“工程力学”等教材。从 1994 年开始在国际学院承担教学任务，曾教授中美项目 30 多个班的“General Physics”课程（1994—2003 年），中英项目 20 余个班的“College Math”（2004—2008 年），中美项目 40 余班的“Algebra and trigonometric Function”（2003—2016 年），“Calculus and it's Application”（2004—2016 年）和 20 多个班的“Introduction of Environmental Sciences”（2008—2012 年）。25 年来，为 100 多个班 3 000 人次讲授多门课程，曾 2 次获得国际学院杰出教师表彰。

今年是国际学院成立的第二十五个年头。25 年来，国际学院由小变大，由弱变强。我很荣幸，从国际学院办学一开始就陪着国际学院，一路走来。2018 年，我离开了讲台，但仍然参加学院的教学督导工作，可以说见证了国际学院的建立、发展、壮大和兴旺的 25 年。尽管中间也有很多的曲折，但由于国际学院适应了国家改革开放的大潮流，以及学院历届领导和同仁们的不懈努力，国际学院从一个当初只有几个学生的对外合作办学试点班发展到国内有影响力的合作办学的典范和中国农业大学本科生最多的学院。确实值得庆贺！

1994 年，国际学院诞生于当时还是北京农业工程大学的外事办。我记得当时孟繁锡老师是外事办的主任。他在接待外宾的过程中产生了与国外大学合作招生的新想法。经过孟老师的辛苦努力，终于得到了教育部门的批准，开办一个合作培养的试点班，与美国科罗拉多大学丹佛分校（UCD）开展合作。国际学院就在学校主楼一楼外事办的办公室诞生了，开始了她艰辛的成长之旅。从第一届录取的学生开始，我就担任国际学院的《大学物理》的任课教师。我记得第一次物理考试，我用的是 UCD 教材配套的题库。但是由于题库只有印刷的文字，并没有 Word 的文档。我只能将选择的题目重新输到计算机再打印出来。根据美方的教学计划，物理课每学期有两次期中考试，每次考试前都需要手工录入考试试卷，工作量还是非常大的。当时，只有一个念头：课程的全过程与美国学生一样，要为国际学院的学生提供良好的全英文学习环境。

为什么国际学院能从第一届只有十几个学生的规模，发展到后来的 5～6 年的时间内，到上千人报考呢，那是因为国际学院适应了当时社会的需求。20 年前，考大学还是非常困难的，被形容为“千军万马过独木桥”。国际学院为学生们提供了又一条上大学的路径和出国学习的机会，受到学生和家长一致认同，生源越来越多，生源质量也越来越高。学院坚持全英文教学、使用全英文教材，引进美方优质的教学资源，学生从中受益颇多，教学质量有目共睹，毕业生质量也逐年提高，国际学院的品牌也通过口口相传为更多的学生和家长所了解，社会知名度逐年提高。

2007年我和妻子参加一个老年人旅游团去东北旅游。在火车上和一起旅游的一对夫妇聊天，互相介绍的时候，在旁边的一对团友听说我是中国农业大学国际学院的老师，非常高兴，马上凑过来说："我的孩子就是国际学院毕业的，你认识她吗?"当说出学生的名字后，我还真有点印象。学生的妈妈马上给在北京上班的女儿打电话说我遇到你在国际学院的老师了。他们介绍说孩子上了国际学院以后英语水平提升非常大，不仅找到好的工作，工作能力、业务水平都很好，所以提升比一起参加工作的同事要快。仔细聊天我知道了他们的孩子是学习传播学专业，毕业到一家英文传媒杂志社工作，在国内和国外学得都用得上。家长非常满意。一路上这为学生家长对我们格外照顾，我非常过意不去，这是沾了国际学院的光！

在国际学院这20多年的教学过程中，我能看到学生的水平不断提高，我们的教学质量也随着学生水平不断提升。从开始按照合作学校的教学大纲到根据中国现实的能力和水平建立行的教学大纲。所以，教材也不断更新适应。如math 1070的内容从代数扩展到代数与三角函数；math 1080的微积分扩展到重积分和微分方程。

前几年经常有学生找我写推荐信。从这里我非常欣喜地感受到我们的教学水平的提高。我为去清华大学、北京大学和中国人民大学读研究生的学生写过推荐信；也为去伦敦政经学院、耶鲁大学和普度大学等国外一流大学读研究生的学生写过推荐信。尽管有的学校会要求老师提供课程大纲等内容，但得知学生能如愿去读研究生，老师花点时间也高兴。

25年以来，国际学院不断发展壮大，一批又一批的青年人在这里学习、锻炼和成长，成为国家的栋梁之材。国际学院能有机会成立、发展是我国坚持改革开放的硕果！祝愿国际学院今后更美好，也祝福同学们前程似锦，鹏程万里！

Partnership and Friendship for a Quarter of a Century

Dorothy Horrell

Dorothy Horrell

作者简介

Dorothy A. Horrell, PhD, has been Chancellor of the University of Colorado Denver since January 2016.

A recognized leader in higher education, Dr. Horrell received a gubernatorial appointment to the Colorado State University System Board of Governors in 2009 and served as board chair from 2013—2015. She was president of the Colorado Community College System, the state's largest higher education system, from 1998—2000 and was president of Red Rocks Community College from 1989—1998. She previously held several positions in the community college system, including vice president for educational services and director of the occupational education division. Dr. Horrell served from 2001—2013 as president and CEO of the Bonfils-Stanton Foundation, Colorado's leading foundation supporting the arts and nonprofit leadership. Dr. Horrell earned her bachelor's, master's and doctoral degrees from Colorado State University.

Greetings to our distinguished colleagues and friends at China Agricultural University, and to the students and parents of students at International College Beijing.

It is an honor, and a delight, to celebrate the 25th Anniversary of International College Beijing. For a quarter of a century, students at the University of Colorado Denver and China Agricultural University have benefited from this unique collaboration in education. The remarkable foresight of our partners at CAU, who had the vision to create the International College Beijing in partnership with the University of Colorado Denver, empowers Chinese students to earn a U. S. degree in Denver or in Beijing or both. This is a great point of pride for the University of Colorado.

As the first partnership of its kind in 1994, ICB is still going strong today. This past fall, ICB received the highest level of approval from the Chinese Ministry of Education accreditation committee, and the March 2019 visit from the U.S. Higher Learning Commission accreditation group was favorable.

Exciting new developments continue each semester. The computer lab for the Communication department is being updated, and CAU's new library is opening. ICB continues to serve as an exemplary model to other universities worldwide.

Graduates of the ICB program will join more than 1 000 ICB alumni as the next generation of global citizens-innovators, communicators, policy makers, and leaders. We recognize that our ICB students are very special; they are part of the important legacy of opening doors to higher education between the U. S. and China.

I have had an opportunity to see the impact of this program on our faculty, on the ICB students and on our university. It has brought the two universities together in an important way—by creating enduring relationships and bringing outstanding educational value to our students.

We are proud to be a partner of the China Agricultural University in this important educational venture, and we look forward to another successful 25 years of partnership and friendship.

Thank you.

Respectfully,

Dorothy A. Horrell

Dorothy A. Horrell, PhD

Chancellor

University of Colorado Denver

The Best of Both Worlds: How the CAU/CU Denver Partnership at ICB Transforms Students

Pamela Jansma

Pamela Jansma

作者简介

Prof. Pamela Jansma is Dean of the College of Liberal Arts and Sciences at the University of Colorado Denver, a position she has held since September of 2014. Her field of expertise is geophysics, specifically in applications of GPS geodesy to seismic hazard and neotectonics. She received her BS from Stanford University and her MS and PhD from Northwestern University. Her post-doctoral fellowship was at the Jet Propulsion Laboratory. She has worked at the University of Puerto Rico, Mayagüez, the University of Arkansas, New Mexico State University, and the University of Texas at Arlington. She is married and has two grown-up children.

My first visit to CAU and ICB was within a few weeks after I started in the position of Dean of the College of Liberal Arts and Sciences at CU Denver in September 2014. I had no idea that I would be traveling to Beijing, a place I had always wanted to visit but never had. Imagine my surprise when I was asked (probably on my first or second day in Denver) whether or not I had a visa for China. After responding that I did not, I was told that I needed to apply for one immediately so that I could go to ICB for the 20th anniversary and scholarship celebration in early October. And now, in what seems far less than five years, it is time for the 25th.

I came away from the first visit extremely proud to be part of what CAU and CU Denver were accomplishing through our collaboration. The students and faculty in our programs at ICB are remarkable. The English language skills that the students have and the high expectations of the faculty are impressive. Sitting in on three classes was a highlight of that first trip. (Another was seeing the Great Wall and the Forbidden City, allowing me to check off items on my bucket list that I never expected.) We also met with Colorado-based students who were studying abroad at ICB. They were profoundly affected by their time in China and returned to Denver as different people. The learning that occurs during these experiences for the Chinese and American students is boundless and priceless.

Other trips to ICB followed over the years for graduation and scholarship ceremonies. I became very familiar with the Jin Ma and the ride from the airport. Beijing seemed to grow exponentially between each visit. We had blue-sky days where we could see the fascinating skyline of the city as well as days of murkier air. The number of blue-sky days increased dramatically from year to year. We were welcomed warmly and treated to many fine meals. The food was terrific and Dean Huang and Dean Xu always took the opportunity to talk about every dish and its origins, teaching us about the various regions and customs of China. Each time, I came away more amazed with China and with the incredible students, outstanding faculty, and dedicated staff of ICB. What was really fun one year was seeing many of the students who attended the graduation festivities in Denver at the graduation in Beijing. The celebrations always have the feeling of a happy family getting together to share experiences.

As part of the 20th anniversary celebration, ICB hosted an alumni forum over the weekend. All five alumni who spoke were our graduates with degrees in economics. Two of the talks were in English, which was a treat as we could understand the messages that the alumni wanted to send to the current ICB students. One of the two alumni received his PhD from North Carolina State and worked in the Research Triangle in North Carolina. The other remained in Beijing and joined Google. Their appreciation for the education that they received at ICB was deep and genuine. Both expressed that the opportunity changed them and transformed their lives. Both also extolled the importance of a liberal arts education. They strongly encouraged students to take more classes outside of their majors, to experience poetry, philosophy, music, and theater, and to learn to think critically and express themselves. This resonated with me intensely. How amazing that two of our alumni were challenging the next generation to embrace the liberal arts education that we value so greatly. The ICB students also had a talent show in the evening, which was wonderful. (I decided in the following years that talent shows must be popular in China. The ICB students studying in Denver liked to have one on Chinese New Year.)

I have learned so much from our partnership. The ability to travel and work in China is a privilege. ICB truly is a special place where the collaboration between CAU and CU Denver creates something greater than what each could do separately. Understanding our multicultural world is a key part of being educated global citizens and of moving together toward common goals that benefit everyone.

Here is to another 25 years of collaboration and respect.

University of Bedfordshire in partnership with ICB

Ashraf Jawaid

Ashraf Jawaid

作者简介

Professor Ashraf Jawaid OBE, is the Deputy Vice Chancellor (External Relations) of University of Bedfordshire

The biggest and longest partnership

The University of Bedfordshire and International College Beijing of China Agricultural University enjoyed a proud 20-year long partnership (1997—present), during which over 3,500 ICB students progressed (200～300 students per year for the period of 2006—2012) to graduate from the University of Bedfordshire. In partnership, new courses were developed to meet the demands of repaid development in China. It was the biggest and longest Sino-British institutional collaboration of the kind in higher education sector in terms of student mobility, staff mobility, academic research, which is actively continuing.

ICB students experience at and beyond Bedfordshire

For the best experience and benefits of ICB students, Bedfordshire made special provision and provided second to none support both in professional services and academic support. For example,

- Dedicated staff in Business School as well as in the International Office
- Pastoral support from applications, transfer ceremonies, airport pickups to induction, feedback sessions to Chinese New Year celebrations
- Extra curriculum from Go UK/Europe to annual Chinese New Year party
- Internships to enhance employability, including placing 16 ICB students at Chinese Embassy to the UK
- Progression to red-brick universities for higher degrees

Two-way traffic in student exchange

And what is more, it is two-way traffic. Bedfordshire sent about 300 students to China Agricultural University on our flagship Go Global programme. Students from both universities have all benefited from international exposure of two systems and two cultures, which transferred their lives, prepared them for the wider world and enhanced their employability in multinational companies abroad as well as at home. That would not have been possible without the strong and lasting partnership between the two universities.

Contributing to the 2008 Beijing Olympics Games

China Agricultural University and University of Bedfordshire joined hands to contribute to the 2008 Beijing Olympics Games (first in China) by training 100 Beijing media managers for MA Media Management with 20 per year for 5 years (2003—2008). 99 graduated from the year-long course at Bedfordshire with master's degrees.

Bedfordshire's contribution to ICB development and good causes in China

Over the years, University of Bedfordshire made significant contribution in return to good courses at ICB and in China at large. The following are a few examples:

- £10 000 donation to Sichuan earthquake in 2008
- £45 000 donation to install ICB lift in 2010
- ICB Education Foundation (Haotian Scholarship)
- £60 000 to refurbish what is now known as Bedfordshire Lecture Hall in 2013

Celebrating Success

Phil Davies

Phil Davies

作者简介

Phil Davies is the recently-retired Principal and CEO at City College Plymouth and former Director for Corporate Partnerships at the University of Bedfordshire.

It is an enormous privilege and pleasure to have been asked to contribute to this publication celebrating the twenty-fifth anniversary of the International College Beijing (ICB). That ICB has been successful, and it has, is a testament to the hard work and dedication of many people and organisations both in China and overseas.

ICB's collaborators around the globe, but particularly in the UK, have worked tirelessly with their academic and administrative counterparts to contribute to this development. But the real success belongs to the students and to their families. The most important message I have is to offer all of the students who have graduated from the UK programme my heartfelt congratulations; and to those students who are currently studying towards their undergraduate degree to wish them every success. After all, it is for the students, both past and present, that ICB is here.

One must never forget what a tremendous privilege international education offers. One should also never underestimate the challenges of studying for a qualification in a language which is not the student's own particularly when combined with an international business and management curriculum designed to rigorously test the students' skills and knowledge. This is an achievement of which all ICB students, their friends and families, and everyone associated with ICB should be extremely proud.

For each cohort of students who have come to England for the very first time, a new chapter began in a new environment in the UK's education system. We always looked forward to welcoming these new students, and to supporting them through the challenges ahead. They have all been provided with a unique opportunity to acquire the theoretical and practical skills needed to master a complex business environment, enabling them to fulfill their potential in what is becoming an increasingly demanding international arena. The experience they gained at the International College Beijing, coupled with the time spent in the

UK, has placed these students in good stead as they acquire new skills and capabilities to enable greater vision, flexibility and the ability to operate in diverse environments. I am confident that these studies in the UK have equipped our alumni with the skills, knowledge and competencies needed to become adaptive, entrepreneurial and comfortable operating in the global marketplace.

And it is that global perspective which brought me in contact with ICB in the first place. It is now over twenty years since Professor Zetian Fu, the Dean of ICB, and I first met at the University of Bedfordshire back in the summer of 1998. He was visiting one of my Chinese academic colleagues who insisted that we should meet. It soon became very clear that many of our aims, and aspirations and hopes for the future of our respective institutions were the same. Little did we know that this would be the start of many years of working together in both Luton and Plymouth. The lasting memory of that meeting for me is that it was the start of so many friendships—ones that have now lasted for much of my career. I am so grateful to my ex-colleague for that chance introduction to Dr. Fu as he was affectionately known.

He and I both recognized the crucial role which education can fulfill in the development of society and in meeting the future needs of their respective communities. Mutual understanding, friendship, trust and cooperation through joint educational developments is the key to our (and our students') joint prosperity. We were both committed to delivering a curriculum, which is international in orientation, and in the provision of international exchange opportunities for students, staff and faculty for their academic and cultural development. We both understood then that to meet the economic, social and technological demands of the next millennium, and to take advantage of the opportunities presented, that international cooperation between universities and other organisations is essential. We both recognized that the International College Beijing should provide its students with opportunities to develop a deeper theoretical and practical knowledge across a broad range of curriculum areas to support China's transition process. And finally, as China was establishing a socialist market economic system, it is also accelerated the pace of reform in the higher education system, shaping and trying to perfect an environment which while still macro-managed by the State within an overall plan, turns institutions of higher learning outwards to face society.

The relationship between ICB and both Bedfordshire and Plymouth has been founded on these principles and the programme has made a significant contribution to their achievement. It is not just the students who have benefited from this cooperation; it is clear that the collaborators and their staff have gained a significant amount from the relationship through a deeper appreciation of each other's cultures and customs. Staff in the UK have used this experience to develop their own curricula and to provide their own students with examples which broaden their understanding of the international environment. The ICB students have made their contributions in the UK too. Almost without exception they have been hard-working, well-motivated and conscientious students who have applied themselves to their studies. From the UK students' perspective, the ICB students have brought cultural diversity to the classroom and because at Plymouth the students work in small class sizes many friendships have been made between Chinese and UK students. These friendships have ensured that students are learning from each other both in and out of the classroom and have contributed to much greater multicultural awareness.

Finding one's way in an international context is so important. Students of business and management need to understand how that society and the environment are rapidly developing. There are so many key economic indicators which just show how rapidly the Chinese economy is changing. Allow me to mention just a few headlines to serve as examples: the surge in China's GDP fuelled by a series of policies to stimulate domestic demand; investments by state and foreign-invested enterprises has been increasing rapidly; the profits of state enterprises have been growing as reforms sharpen these enterprises' competitive edge, particularly by reducing burdens on state enterprises; and the growth in both exports and imports. UK remains one of China's main trading partners in Western Europe. Indeed, in recent years Sino-British trade is ranked 2nd amongst EU countries. The UK is also one of the largest EU investors in China with in excess of 4 000 joint venture projects. The strengthening of bilateral cooperation generally—and the inevitable growth in multi-lateral cooperation following China's entry to the WTO can only lead to much greater levels of foreign investment and international trade. And then of course there's the Olympic Games in 2008. Needless to say, the significance of this for international linkages is enormous.

It is against this background, both present and future, with a changing economy and internationalisation becoming increasingly more important that ICB students will be entering their working lives. Plymouth, the China Agricultural University and ICB are committed to reflecting these developments over the coming years through a series of new joint initiatives. The relationship will see new joint programmes being developed and providing greater opportunities for Chinese students. But what does the emergence of China as one of the most important players on the global stage mean for recent ICB graduates and for future students?

The emergence of a global economy has brought with it challenges for global organisations, global managers and for students preparing to work in today's global marketplace. For institutions to succeed they need to think creatively about the development of the organisations' training and development of their people. And as universities we need to consider how we provide an experience for our students which will prepare them for the challenges which lie ahead. This has never been truer for institutions such as the one I represent which is committed to providing an education which is geared towards the world of work. This means that whether students return to China at the end of their studies (undergraduate or maybe postgraduate if they decide to stay on for an extra year) to work in a Chinese private or public sector organisation, or whether it is ultimately to start a career in a joint-venture company in China, change is becoming a way of life and stability is no longer the norm. With the flow of financial transactions, information, and technology exchanges increasing, the relevance of an international perspective has never been more important. We are providing our students with this international dimension to their studies—and the programmes with ICB are perfect examples.

In essence, the students' home country may be China, but their business world is Europe, North America, Asia, the Middle East or Africa. To succeed, young managers need greater knowledge, greater skills and a global mindset. Increasingly students will be working and negotiating with their global counterparts on a regular basis and will need to understand the many beliefs and values that underlie not only China's business and management practices, but also the organizational and national culture of others. We are seeking to create adaptive and entrepreneurial business and management students who are comfortable operating in the global marketplace.

With all these changes and opportunities managers need to acquire new skills and capabilities to enable greater vision, flexibility and the ability to operate in diverse environments. It is usually not appropriate to only transfer home culture and practices but it is necessary to adapt and move with the environment. The global economy may be without frontiers, but of course national cultures and interests cannot be ignored. The advent of the knowledge economy, and internationalisation in particular, offers enormous opportunities to enrich people's lives and enhance national prosperity. If these opportunities are to be grasped, then the numbers of internationally educated professionals must be increased. As they make such a valuable contribution to the economy, it is vital that they receive the appropriate education and training, such as that received at ICB and their UK partner organizations.

Plymouth has responded to this need by equipping students with a combination of technical skills, academic knowledge and transferable skills which employers and society are increasingly demanding. Combining this with an international perspective through which the students' learning experience is enhanced to better prepare them for their careers is critical. Education institutions such as ours should be aiming to achieve cultural enrichment through international activities and to widen the perspectives of both staff and students. The development of common understandings of a wide diversity of societies, economies and cultures are essential prerequisites for many employees in the global economy. The degree courses at Plymouth which students have followed, or will be following, are providing students with opportunities to acquire the theoretical and practical skills needed to master the complex international business environment which characterizes commerce and industry today. It also enables the testing of that knowledge and skills through practical assignments in a foreign culture. Of course, there have been difficulties and challenges which were faced along the way but we have always strived to provide our ICB students with a supportive, friendly and welcoming environment. One thing is certain that, to succeed, all of us (staff and alumni) will all need a positive, entrepreneurial and innovative outlook combined with a willingness to embrace change. Our alumni should take pride in their achievements—we will not forget them.

I look forward to seeing ICB and our alumni go from strength to strength over the next twenty-five years.

Memories of the Oklahoma State Program at ICB

David Henneberry

David Henneberry

作者简介

My name is David Henneberry. I am currently a Regents Service Professor in the Department of Agricultural Economics at Oklahoma State University. For eight years, from 2010 through 2017, I was the Associate Vice President for International Studies and Outreach at OSU. During that time, I was able to participate in many of the meetings and discussions that led to the creation of the joint Agricultural Economics Degree Program with ICB/CAU and OSU. It was an exciting time, with many dedicated and sincere people spending many hours discussing how this opportunity could be created and offered to the students of both institutions.

Several people at Oklahoma State University were particularly influential in the development of the agricultural economics program with CAU. Vivian Wang, working in the Office of International Students and Scholars directed by Mr. Tim Huff, was the initiator of the program at OSU. She made the initial contacts with CAU and started to promote the idea on the Oklahoma State University Campus. In the Department of Agricultural Economics, Dr. Mike Woods was serving as the interim Dean of Agriculture at this time and he was supportive of the program development, and Dr. Joe Schatzer, who was serving as interim Department Head, was also one of the individuals who were instrumental in the development of the OSU-ICB program. There are several people not named here who also played significant roles, and their omission from this statement should not in any way diminish their achievements.

The administration of ICB/CAU was very forward thinking and dedicated to program development. They pursued the negotiations on degree programs, and were available whenever needed to further the progress of the talks. The administration at Oklahoma State University held the ICB administration in high regard, and was proud to be involved in this important effort with such dedicated professionals. Being able to work alongside people you respect and hold in high regard is one of the joys of professionalism. I believe that both sides felt the importance of what they were doing and the impact that it would have on the future of agriculture in both countries.

I was fortunate to be able to teach at International College Beijing during the fall semester of 2019, and again during the fall semester of 2020. Teaching on the campus was important to me because I wanted to share the experience of the Chinese students and to develop an appreciation for the academic programs offered on the ICB/CAU campus. It was completely worth the effort.

Both China Agricultural University and Oklahoma State University share a common approach to the field of agricultural economics. They are both focusing heavily on a traditional approach to problems of production, marketing and food security. In the academic program, quantitative methods and a microeconomic framework to market analysis are emphasized. For this reason, it's not such a large adjustment for the students from ICB to enter the academic department at Oklahoma State University. The program on both campuses has a natural flow to it and the students continue their educational development without making a lateral change in the type of material they are studying.

While I was living on the ICB campus, one of my favorite memories was just walking back to my apartment in the ICB building after class. We would leave the classroom building, and the weather was getting colder. The air was crisp and leaves were falling from the trees. On the speakers outside the building, they would play music at that time of day (about 6 pm). The music in the cold air, and all of the students enjoying the fall weather as the sun was falling, was a very comforting and inviting atmosphere. As we got closer to the ICB building, there was a small open mall in front of the Princess building, which had a bell monument in the middle of it. We always enjoyed seeing people standing around the bell talking, or waiting for their friends, in the semi-darkness of the early evening. Sometimes we would stop by the small stand that sells water and soft drinks at the edge of the basketball courts, or go into one of the convenience stores nearby. Everyone on campus tried to help us whenever we needed it, and most people had some ability in English, so the campus was a very comfortable environment for us.

Another thing that we enjoyed tremendously was eating in the various University cafeterias. As foreigners, we enjoyed the opportunity to watch how the Chinese students interacted with one another, the way they handled their friendships, and the gusto with which they enjoyed their meals together. Meal time was one of the few opportunities these students had to really relax. It appeared to be a very important time of the day for them. We also enjoyed watching how they ate their foods (not only watching how they used chopsticks, but which foods they combined with one another and what order they ate their foods in). All of these small details were easy to observe simply by watching people in the cafeterias.

From our apartments in the ICB building, we could look out the window at the track. The oval track was in use literally 24 hours a day. Whenever we looked at it, there was always someone walking around the track and getting a little air. It was unusual for us to see the track constantly in use, because in Oklahoma there would certainly be more moments when the area would be vacant. We noticed how the students seemed to use the track in their normal clothing, and would tend to walk briskly rather than jog or run as might be more common in the U.S. It seemed as if the track promoted the development of lifelong exercise habits that would benefit the students for many years to come.

The students at ICB are different from the students at Oklahoma State. I'd like to be clear that I'm just observing some differences, not making a statement of "better" or "worse", but by understanding the differences we can appreciate why they are good complements to one another. First, almost all of the ICB students are fluently bilingual, while almost none of the OSU students are. Being bilingual adds a strong dimension to life, and broadens an individual's perspective by providing another cultural setting through which to observe events. Second, the CAU students come from all over China, while most of the OSU students are from Oklahoma or northern Texas. This means that OSU students almost always have their family within a reasonable distance, while CAU students from the more distant areas of China are far away from their families. Third, the students at ICB are very sincere, hard-working and competitive. They have had to achieve high scores on the Gaokao in order to be accepted. OSU students are also sincere and hard-working, but the Chinese environment is more competitive and stressful than the OSU students are accustomed to. Fourth, the ICB students have very good skills in class communication. They raise their hand whenever a Professor asks a question, and they try their best to provide a good answer. Fifth, both the ICB and Chinese students seem to be very good at making friendly relationships with their classmates, and I encourage this because those friendships will turn into valuable professional relationships in the future.

The students in the ICB program are a very unique and well qualified set of scholars. When they graduate from OSU with their Bachelor's degree, they already have 1 or 2 years of University in the United States, and both cultural and language fluency in English. They are the most likely candidates to become the leaders of Chinese agricultural industries in the future, and their contribution to the development of both China and the United States will be large and something that makes us all very proud.

Remembrances of a Decade at ICB

Barry Campbell

Barry Campbell

作者简介

Barry Campbell is an American, born in Michigan, with his education in Pre-Law beginning at Michigan State University. Much of his life was spent in Houston, Texas. He followed with attendance at other schools, including the Sorbonne in Paris, and two Texas universities. Presently, he attends the University of Washington in Seattle, mostly East Asia and American history studies.

He enjoys travel and does so whenever possible. This includes living in Paris more than once, and living in Beijing, where he was on the ICB staff for a decade. It was probably the best ten years of his life. He also lived in Mexico where he taught English and US culture, as well as studied Mexican history, especially its difficult relations with its northern neighbor.

Barry has an interest in photography, changing to video like many others a few years ago for the challenge, and to study a new aspect of his photo hobby he has had since high school. He also videoed varied events as hockey games in that country, where young people tried to teach him to skate.

The following sentence may seem an exaggeration intended to influence the reader, but it is absolutely true. My decade as an instructor at International College Beijing (ICB) was the most important and influential ten years of my life, in so many ways. I remember, in detail, most of my students. The following will be only a short summary of its impact on me, with the use of my remembrances of certain events.

I did not arrive at ICB as part of a program with a foreign university, to write a book, to finish a requirement for a teaching degree, or similar. I did arrive with university majors in education, psychology, English, history and political science with a degree from Michigan State University and attendance at schools in Texas. I had also studied some of these subjects in France (Sorbonne). I was staying in Beijing working at a couple of teaching positions at places like Sinopec, the Forestry University and similar when a friend learned of a position with a rather new operation (ICB) at the university and suggested I visit to learn if there existed any opportunities. I remember that it was a rainy day and that I liked what I discovered. I became a writing instructor, which evolved into much more over the years.

The classroom culture with my students was incredible; not only were the students very intelligent, they were challenging and were always watching for any mistake I might make, whether spelling, something they disagreed with about Chinese history, or my choice of drinks. The latter turned into a battle that was passed on from semester to semester. I had a habit of taking a bottle of diet cola or similar to class, of which the students disapproved. Soon, I found that after I turned back to face the class from some board work, the cola had been silently changed to water. This went to extremes and was one of the many challenges I happily endured. One time I went to the classroom the night before and hid several bottles. That plan went nowhere; I discovered when returning from a break that all were replaced with water or humorous notes, including the two I had hidden in my raincoat hung in a different room. A girl in the back said loudly: "We're not stupid!" to everyone's amusement. I learned later that two of the boys would be assigned each class day to go very early and to look for my hidden drinks. This game, as it were, was never discussed, but I always knew I had lost the battle when I entered the classroom to face them only to find mischievous grins on their faces. Usually, many of my new students were already prepared for these antics because they would have heard of them from my earlier students.

One of the things lacking in my students' high school education was the idea of defending one's position on a topic. The essays being taught to them in high school were descriptive or a discussion of two sides of an argument, such as a cause and effect essay. They had to be taught to write (and defend orally) their own opinions, which may not be popular with others. They also faced argumentative essays on the IELTS exam. So, I began to have informal debates; in preparation, the students would spend several classes writing justifications for their positions as well as predicting how the opposing side would respond. I went to bookstores and found two writing instruction books that mentioned debating as good training for writing teaching in case the school administration questioned my exercise, which never happened. On the morning of the first debate I told them to change sides and argue the other side's position, which threw everything into confusion; they did not know what to do and considered it unfair. They also objected to my banning PowerPoint and Keynote, which I considered to be crutches; they had to have their arguments in their heads, not on a screen. However, many quickly learned to argue both sides of an argument, often without notes, whether they agreed with it or not, like good lawyers. A couple of other teachers began to use the same kind of lesson and soon we had debates between different classes, which were often attended by non-ICB, CAU students, and sometimes parents and professors. Often, when teaching this, non-ICB students, many with limited English skills, would ask if they could sit in the back of the class and listen.

Holidays, domestic and foreign, gave opportunities for interesting teaching. One Halloween, for example, I found a seamstress on campus who could make a Zhu Bajie (猪八戒) costume for me, which was a huge success when I appeared in the classroom.

I also was appointed Santa Claus every year, with a costume made by the same person.

The ICB annual talent shows helped to show off our students' abilities and continued to do so in the UK.

After a couple of years, I decided to visit my students at their two schools in the UK. It was done in secret; no one knew except our dean and a couple of others, and a few members of the UK staffs. I arrived in Luton, the first destination, at night and did not leave my room; I had arranged special permission to enter a locked classroom very early and sat there, in the dark, supported by several cups of coffee, until my students arrived a couple of hours later. They were shocked, and at lunchtime I was accompanied through the streets by ICB graduates hungry for news of home and to welcome my visit.

The visits to my students in the UK became an annual, Spring Festival event for me. At the beginning of one year, perhaps 2011, I received a message from a student who was a class leader at ICB, and who had a similar position in the UK. Without any explanation, she told me to bring my ICB "Father Christmas" clothes to the UK with me. I did not ask any questions and did as told.

A month later, I found myself dressed as Santa Claus for the students' Spring Festival party in the UK; they were doing a story about their history at ICB. The students dared me and a couple of others who were also in costume, to walk home in Plymouth in the middle of February dressed in our costumes. Besides being New Years, I believe it was also Valentine's Day. We did so, and one of my fondest memories is of our walk through the dark streets with the cars slowing and people waving and yelling encouragement to us. One time, a group of students wearing white aprons from a nearby college appeared. When I asked them who they were, they told me they were fashion students who had come to see how the Chinese girls dealt with make-up and attire. These visits from outsiders became normal and we learned to accommodate them when possible.

The visits to the UK were very valuable for my teaching; I learned in what aspects our students were not prepared for life and study there. This came from the UK professors as well as my students. I was surprised at what I had to teach when I returned. This included how to apply for a visa, writing a British style CV, interviewing, dress, classroom culture, and professor culture. The latter is a reference to the fact that many of them had difficulty with their UK instructors as some were not as approachable as our ICB teachers. For example, I often had students ask to meet me on Sundays to discuss some problem with English, a family issue, or their move to England, regardless of whether it involved my classroom instruction. With many of their classes, such as presentation or media, they had to give onstage presentations, which was difficult for me to teach as Americans had little experience with this in most schools at that time. Therefore, I would discuss their future topics and assignments with the other professors beforehand so that I could properly coach them.

One annual event which I created was especially enjoyable for all; this was the annual bike-painting, which often had something to do with a holiday. Soon, new students in the fall semester would ask when the festivity would occur. I would buy a bike and oil paints and the students would decorate it and my helmet, often with their names. It was much fun and also offered the opportunity to introduce new vocabulary. When I returned to the US, I had to limit the things that I could transport, but I did not forget the helmet.

History was important to many of the students, and they quickly learned I had a similar interest. I was often quizzed about events, even by new students. It should be noted that many students knew about ICB and its instructors due to having relatives or friends who had attended earlier. One day I wrote "12-12" on the board and asked the students to write an essay on what they thought it meant. There was a long silence followed by much whispering. They guessed properly that it was a reference to the events in Xi'an in 1936. With another class I tried "7-7-7," which was quickly deciphered by the students. This was very rewarding for me as well as the students.

Most of the above brought back many rewarding experiences to me and I wish I could include more. I am extremely thankful that I was asked to contribute these thoughts about my time at ICB and how it shaped my life. It has given me much to think about and for which to be grateful.

My ICB Story

Deborah V. Burgess

Deborah V. Burgess

作者简介

Deborah V. Burgess is the Career Services Advisor at Spartan College of Aeronautics and Technology, Colorado.

My story at ICB started in 2003 when I spent one semester at the university teaching various communication courses. This was the first time I had ever traveled to China and thoroughly enjoyed the experience. I loved the students, staff and citizens in Beijing. I vowed to return to China and was blessed to return in August 2008 where Beijing had grown tremendously in preparation for the 2008 Olympic Games.

ICB had grown along with staff, faculty and students. I also had the opportunity to work with a local Chinese volunteer group whose focus was to build a school for students who were visually impaired. This exposed me to the philanthropy of Chinese citizens who care about their community. I was so impressed with this that when I returned to the U.S. in August 2014 I decided to volunteer as a Community Activist in my neighborhood in Southwest Denver, Colorado.

As an Instructor of Communication and Intercultural Studies I was able to practice what I preach regarding Global Diversity and was most welcomed to Beijing, China. Since I returned home in 2014 I still stay in touch with many of my former students via social media.

A day doesn't go by where I don't think of China; it has left a permanent mark on my mind and Spirit.

Memories of nearly a decade at ICB

Nick Golding

Nick Golding

作者简介

My name is Nick Golding. I am married to a smart, beautiful lady from Uganda and have two wonderful daughters. Both of my daughters grew up in Beijing and the youngest has a Chinese birth certificate. I grew up in a small, farming community in the Central Valley of California. I graduated from UCLA with BA in Economics with an International focus. As an undergrad, I took many Chinese language classes and studied abroad for one year at East China Normal University. That was my first trip abroad and was truly life changing. After graduation, I worked in K-12 education for several years and served as a Peace Corps volunteer in Uganda. After the Peace Corps, I earned an MA in Economics from Ohio State University. In 2009, I started teaching at ICB for University of Colorado Denver. We initially planned on staying for one year, but I ended up teaching in the program for almost nine wonderful years.

I am honored to have been asked to write a few words for the 25th anniversary of International College Beijing @ CAU. I want to share a few memories from my time at ICB. When I started working at ICB, the UCD program was very small and the administrative structure was fluid. The program was still developing and the ICB infrastructure was developing along with it. When we arrived in fall 2009, the ICB building and the faculty housing were still under construction. For the first several months of the semester we were housed at Jinma hotel and many of us used Starbucks as our office. I guess I formed a habit because for the next eight years I continued to use the Jinma Starbucks to get work done. By late fall, the ICB building was finally ready and my wife and I could move into our single room that we would call home for the next two years. Little did we know that ICB and China would become such a big part of our life and that we would stay for so many years.

Another memory that I have is about the people I met during my first year at ICB that came to be the core of my network of friends and colleagues. From the beginning, I worked closely with Cindy, Betty, and Wang Ning. These three ladies provided help in adjusting to living and teaching in China. They also became trusted friends that I could depend if I needed advice or help with something. They offered a genuineness and friendliness that made ICB feel like home. We were all fairly young at the time and over the years it felt like we grew into our jobs and new roles as parents together. I would often stop by just to say hi and share notes about kids or ask advice on some Chinese logistical problem I was facing. I made many wonderful friends with my ICB colleagues over the years but there was always something special about my first ICB friends.

I have countless memories of working with the wonderful students at ICB. So many of them are just little moments during classes that would be difficult to explain here. I will share two specific ones. The first is about a young lady who was an economics major at ICB several years ago. She was a quiet student but as I discovered in her writing, she was a deep thinker with tremendous academic potential. One day there were some visitors from Denver and had a small dinner at the Princess building. They invited several professors and a few students as well. This young lady happened to be one of the guests. She was sitting at the table with a mixed group of economists, political scientists, and a historian. The topic was wide ranging and jumped from economics to politics to history. At one point several members of the dinner party were having a heated debate about the significance of a recent world event (the details of which I have totally forgotten). To my surprise this student joined into the conversation and offered her own ideas and began to debate with these professors. Several days later I was talking with the same student in office hours and she told me what a deep impact that evening had on her. She seemed to have a new level of confidence and a certainty that she had something to offer. Over the rest of her academic career she showed an unusual independence of thought and daringness and went on to pursue a PhD at a top US university. This young lady was very talented and would have probably gone on to do great things even without attending this dinner party but her experience that evening let me see clearly the impact that studying at ICB was having on students' intellectual and personal development.

A second teaching related memory that I want to share is about my office hours. Every semester I taught several large entry level courses with mostly sophomore students. In the first week of the semester my office would be quiet and the only students who would stop by were trying to get me to sign an add form. By week three, the students would start to come early and form a line in the hall. I would find students sitting on their backpacks waiting for my arrival. They would enter in small groups and ask various questions about the models we were learning or a specific homework problem. I always kept a large stack of scratch paper on my messy desk. As I talked with students, I would write out the details and draw the graphs. I would ask them probing questions and stop and check if they were following. When I was finally sure they had understood then I would hand them the paper with my drawings and usher in the next customer. Before a test the office hours would often get even crazier with a line down the hall that likely disturbed other teachers' quiet work environment. When I arrived and saw such a big number of students waiting, I would go into triage mode. I would organize students based on the topics they had questions about and they would have to take turns asking questions. I would often be surrounded by five or more students standing around my desk. My office hours often ran over time and for efficiency purposes I often ate while conducting office hours. Students often apologized for troubling me, but it was really no trouble at all. The interactions I had with students during office hours taught me so much about my students and shaped me as a teacher. Some students asked amazing questions that made me think more deeply about the field of economics. It was motivating to see the hunger for learning that many students displayed. There were so many satisfying 'ah-hah' moments as a student finally got a difficult concept after wrestling with it for a long time. Also, I got to know about my students' hopes and dreams and saw much more depth in them than I could in a large course.

I cherish all my time at ICB and hope that some day I will get to return to Beijing. I wish everyone at ICB the best and hope for another 100 years of development and growth for the International College Beijing program.

第五章

国际学院大事记

1994 年

7 月，北京农业工程大学经与美国科罗拉多大学丹佛分校（University of Colorado at Denver）商谈和准备，决定启动中美合作办学试点项目“北京农业工程大学国际经济与贸易班”。

11 月，招收第一批学生。

1995 年

1 月，北京农业工程大学与科罗拉多大学丹佛分校签订协议，正式启动中美联合办学“北京农业工程大学国际学院”项目，开设“北京农业工程大学国际经济与贸易班”四年制本科专业。

4 月，北京农业工程大学国际学院由原国家农业部批准（农人发【1995】14 号），原国家教育委员会备案正式成立。

5 月，北京农业工程大学任命副校长傅泽田兼任国际学院院长，国际处孟繁锡处长兼任常务副院长。

10 月，北京农业大学与北京农业工程大学合并组建中国农业大学，北京农业工程大学国际学院经原国家农业部批准改为中国农业大学国际学院（以下称国际学院）。

10 月，国际学院接受美国中北部院校协会高等教育委员会（North Central Association of Colleges and Schools，Commission on Institution of Higher Education）评估。

12 月，美国中北部院校协会高等教育委员会正式批准科罗拉多大学丹佛分校在国际学院授予科罗拉多大学学位，该学位与在美国本国授予的学位相同，学生在国际学院所获得的学分等同于在科罗拉多大学丹佛分校获得的学分。

1996 年

4 月，傅泽田副校长、孟繁锡常务副院长赴美国科罗拉多大学丹佛分校出席“首届国际学院联盟发展论坛”，成立国际学院联盟，成员有科罗拉多大学丹佛分校文理学院、莫斯科大学国际学院、中国农业大学国际学院。

6月，国际学院4名学生赴科罗拉多大学丹佛分校参加“世界大学生未来领导者论坛”。

8月，国际学院首批3名学生赴科罗拉多大学丹佛分校参加交流学习。

1997年

1月，傅泽田副校长、孟繁锡常务副院长赴莫斯科大学出席“第二届国际学院联盟发展论坛”，科罗拉多大学丹佛分校参会。

7月，李世盛副校长、项目主管冯伟哲代表学校出席莫斯科大学国际学院首届毕业典礼。

1998年

4月，中国农业大学与英国鲁顿大学（University of Luton）签署联合培养协议，建立中国农业大学国际学院与英国鲁顿大学商学院联合培养项目。

7月，国际学院被北京市教育委员会批准为北京市首批中外合作办学单位（京教合准字【1998】17号）。

9月，国际学院增设“传播学”（Communication）四年制本科中外合作办学专业。

10月，国际学院联盟发起人，科罗拉多大学丹佛分校文理学院院长马文·劳福林(Marvin D. Loflin）博士被中国国家外国专家局授予“中国政府友谊奖”，并受到时任国家总理朱镕基接见。

10月，国务院学位委员会批准国际学院办学协议期内招收的学生可在中国境内授予科罗拉多大学学士学位（学位办【1998】96号）。

10月，国际学院首届毕业典礼在香山饭店举行，7名学生毕业并获得科罗拉多大学学士学位；国际学院承办“第三届国际学院联盟发展论坛”。

1999年

9月，国际学院中英鲁顿联合培养项目正式启动，开设“国际工商管理”

和“广告与市场传媒”两个联合培养专业。

10月，国际学院学生发起成立了国际学院传媒协会。

2000年

5月，中国农业大学党委批准成立国际学院直属党支部，杨宝玲任党支部书记。

5月，国际学院通过国务院学位委员会办公室委托全国学位与研究生教育发展中心实施的全国中外合作办学单位评估（学位中心【2001】22号）。

12月，美国国家传媒协会（National Communication Association，简称NCA）批准国际学院传媒协会的会员资格。

2001年

5月，国际学院通过国务院学位委员会办公室委托全国学位与研究生教育发展中心实施的全国中外合作办学单位评估（学位中心【2001】22号）。

7月，国务院学位委员会批准国际学院在续签办学协议期内招收的学生可在中国境内授予科罗拉多大学学士学位（学位办【2001】65号）。

9月，国际学院首批39名学生赴英国鲁顿大学参加学习交流。

12月，严昌民和赵雅琴两位学生的论文入围NCA 2001年度优秀论文。

2002年

5月，中国农业大学工会正式批准成立国际学院工会委员会分会。

9月，中英鲁顿联合培养项目第一届39名学生在英国修满学分合格毕业，获得鲁顿大学学士学位。

12月，国际学院承办“北京市属新闻单位编辑记者奥运人才培养”项目，北京市委常委、市委宣传部长蔡赴朝出席开班典礼。该项目旨在为北京市2008奥运会培养传媒管理硕士人才，采用中国农业大学和英国鲁顿大学双校园培养模式。

12月，NCA 2002年年度优秀论文获奖作者张艾、王珊和吴铮三位学生赴美国参会并宣读论文。

12月，24名传播学专业学生获得NCA的大学生组织Lamb da pi eta在科罗拉多大学丹佛分校所设分支的终身会员资格。

2003年

3月，国际学院启动了“国际志愿教师中国支教项目”，20名英国青年志愿者赴北京市宏志中学、北京市延庆县各中小学开展为期3个月的支教活动。

4月，因受北京“非典”疫情影响，科罗拉多大学丹佛分校教师集体回国。按照两校安排，所有课程通过互联网继续授课。

7月，中国农业大学时任党委书记瞿振元、时任副校长傅泽田、国际学院时任常务副院长孟繁锡赴英国普利茅斯大学访问，两校签署联合培养项目协议，由中国农业大学国际学院和英国普利茅斯商学院合作举办联合培养项目。

7月，经国家外专局培训中心审核批准，在国际学院设立BFT考试中心，首批34名学员经培训获得BFT英语高级证书。

7月，成祎、李冠北、许晶、张倩4名学生论文获得NCA2003年优秀论文奖，并赴美国迈阿密出席NCA 2003年会。

8月，中国农业大学与科罗拉多大学丹佛分校经协商，同意暂停国际经济与贸易和传播学两个中外合作办学项目的招生工作。

12月，经中国农业大学党委批准，成立国际学院党总支。

2004年

5月，国际学院召开第一届教职工代表大会，成立常设主席团。

9月，中英鲁顿联合培养项目新增开设“媒体制作”专业。

9月，中国农业大学工会授予国际学院工会“优秀职工之家”称号。

10月，两名学生获得英国鲁顿大学授予的一等荣誉学士学位，这是中国留学生在鲁顿大学首次获得的最高学位荣誉。

2005年

3月，在中国农业大学时任校长陈章良的支持下，国际学院与美国东卡罗莱纳大学（East Carolina University）跨国远程课程项目正式启动，中国农业大学与东卡莱罗纳大学各有 20 名学生通过互联网教室跨国同堂上课。

6 月，国际学院多名学生在全国大学生英语竞赛中获奖，其中黄逸嘉获一等奖，吴曦月等 3 人获二等奖，李淑佳等 7 人获三等奖。

9 月，由国际学院孟繁锡、冯伟哲、郢红和李岩主持的教改项目《探索中外合作办学教育教学管理，促进区域教育事业发展》获北京市教育教学成果二等奖。

9 月，中英鲁顿联合培养项目新增开设“金融与会计”专业。

9 月，中英普利茅斯联合培养项目启动，首批招收 40 名学生。

2006 年

4 月，国际学院学生赵晞希在第十届“外研杯”全国英语辩论赛中，荣获大赛二等奖，取得了中国农业大学在该项比赛中的最好成绩。

5 月，英国高等教育质量保证署（QAA）中国高等教育质量评估团一行 5 人在团长 Griffiths 的率领下，对中英鲁顿联合培养项目展开全面质量评估。评估团对中英鲁顿项目给予“质量全面可信赖”的最高评价。

6 月，国际学院在承办的“北京市属新闻单位编辑、记者奥运培训”项目最后一期第五期开班，有 21 名骨干编辑记者参加培训，该项目累计完成 100 名北京市奥运骨干的培养计划。

7 月，国际学院新一届学院领导班子成立，孟繁锡任院长兼书记，冯伟哲、张普光任副书记，许廷武任院长助理，杨子华任学院办公室主任。

11 月，国际学院承办国家审计署“全国外资审计英语业务培训”，来自全国各级审计机关骨干共 36 人参加培训。

12 月，李岩同志获得中国农业大学青年教师教学基本功比赛一等奖、最佳教案奖。

2007 年

6 月，李岩同志获得北京市青年教师教学基本功比赛二等奖。

9月，中国农业大学校长时任陈章良与科罗拉多大学丹佛分校校长 Georgia Leshlauri 代表两校签署协议，继续举办国际经济与贸易和传播学两个中外合作办学项目。2007 级共录取 108 名学生。

11 月，国际学院参加教育部对中国农业大学的本科教学评估，国际学院的国际化办学工作获得教育部专家的肯定和好评。

2008 年

3 月，国际学院“国际志愿教师中国支教项目”在中国农业大学已经开展 4 年，累计为 300 余名经济困难学生免费开设英语课程，并受到好评。

3 月，国际学院承办北京市委宣传部的“北京市高级文化经营管理人才培训班”。

12 月，国际学院通过多种途径鼓励中青年教师开展教学科研工作。当年，共发表三大检索论文 10 篇，国际会议论文 5 篇，核心期刊论文 5 篇，其他论文 5 篇，教材 3 册。

2009 年

5 月，国际学院成功举办第二届 GPE 国际会议。

7 月，国际学院新办公楼竣工并投入使用。英国贝德福德大学为国际学院捐赠电梯。

9 月，国际学院傅泽田、孟繁锡、冯伟哲、张普光、杨宝玲主持的教改项目《构建国际化教育教学平台，培养具有国际视野的创新人才》获得国家级教育教学成果奖二等奖、北京市教育教学成果奖一等奖。

11 月，贝德福德大学项目媒体制作专业郝恬同学获英国文化委员会授予的“国际留学生奖”。

2010 年

1 月，国际学院学生会美国分会（Intercultural Club from Beijing）在丹佛成立。

3月，国际学院设立教育基金，首批募集资金40余万元。

3月，受国家审计署委托，在国际学院先后启动并完成“中长期赴美英语强化培训班”“BFT及会计英语培训班”“中长期赴加英语强化培训班”三次培训工作，国家审计署各类专业人员共110人参加培训。

6月，成立国际学院党委，撤销原国际学院党总支。

8月，国际学院“海外学生会”获中国农业大学德育工作创新奖。

12月，中国农业大学任命国际学院新一届领导班子成员，黄冠华为院长，孟繁锡为党委书记。冯伟哲为副院长，张普光为党委副书记，许廷武为助理院长。

12月，国际学院冯伟哲教授承担英国首相基金计划研究项目，国际学院列为英国大使馆文化教育处“英国首相行动计划”项目研究单位。

2011年

3月，中国农业大学与中国留学服务中心签署协议建立战略合作关系（教留函【2011】13号），国际学院与英国贝德福德大学、普利茅斯大学联合培养项目为自主招生增设出国留学项目。

5月，国际学院增加100名国家统招生指标，新生计划内外比例接近1∶1。

5月，党委书记孟繁锡、院长黄冠华、助理院长许廷武赴美国德州农工大学、俄克拉荷马州立大学、科罗拉多大学（丹佛）等访问商讨合作办学事宜，并出席科罗拉多大学（丹佛）毕业典礼。

6月，国际学院党委获“北京市先进基层党组织”荣誉称号。

9月，国际学院成立英语写作辅导中心。

10月，科罗拉多大学丹佛分校为成绩优异的学生颁发学习奖学金。

10月，院长黄冠华、副院长冯伟哲赴英国贝德福德大学、普利茅斯大学、赫瑞瓦特大学访问，推进国际学院与这三所学校的合作事宜，并看望在这些学校学习的国际学院学生。

11月，教育部考试中心批准中国农业大学国际学院设立雅思考点。

2012年

6月，经济学专业毕业生蒋一祎被科罗拉多大学（丹佛）授予“杰出本科毕业生”荣誉称号。

7月，中美科罗拉多大学项目收到教育部关于延长办学有效期的复函（教外司综【2012】1100号），招生有效期延长至2013年。

10月，中国农业大学与美国俄克拉荷马州立大学合作举办的农林经济管理（农业商务）专业合作办学项目获批（教外综函【2012】49号）。

11月，国际学院完成新一届分党委换届工作，国际学院院长黄冠华兼任党委书记，张普光同志为国际学院党委副书记。

11月，中国农业大学任命许廷武同志为国际学院副院长。

2013年

5月，国际学院院长黄冠华参加全国中外合作办学论坛，并在开幕式上做了关于《中外合作办学教学质量保障的实践探索》的主题演讲。

5月，冯伟哲教授主持的云课程平台获得教育部立项，中国农业大学国际学院牵头组建我国中外合作办学通识课资源云平台示范项目。

6月，贝德福德大学为国际学院捐赠的报告厅正式竣工，并投入使用。

9月，与俄克拉荷马州立大学举办的农林经济管理（农业商务）专业合作办学项目首届招收了46名国家统招生。

11月，学院参与的“构建服务于国家‘三农’需求的创新型涉农继续教育”教学成果获得北京市教育教学成果二等奖。

2014年

2月，中美科罗拉多大学项目通过教育部中外合作办学评估（京教外办【2014】1号）。

4月，中美科罗拉多大学项目收到教育部关于延长办学有效期的函（教外司办学【2014】511号），国际经济与贸易专业招生有效期延长至2014年，传播学专业有效期延长至2015年。

5月，院长黄冠华、副院长许廷武赴俄克拉荷马州立大学、科罗拉多大学（丹佛）访问商讨合作办学事宜，并出席科罗拉多大学（丹佛）毕业典礼。

6月，中国农业大学与科罗拉多大学（丹佛）签署新一轮合作办学协议。

全年，有近300名来华留学生参加国际学院学期课程学习或夏季小学期学习项目。

12月，国际学院党委和行政领导班子调整，隋熠任党委书记，黄冠华任院长，许廷武任副院长，杨子华任助理院长兼办公室主任。

2015年

1月，中国农业大学与中国留学服务中心续签战略合作协议书，继续共同做好出国留学项目有关工作。

3月，中国农业大学任命王晓燕为国际学院副院长。

3月，中美科罗拉多大学中外合作办学项目获得延长项目期限的批复（教外司办学【2015】325号），招生期限延至2019年。

7月，国际学院发布《国际学院"十三五"发展规划》。

11月，中美俄克拉荷马州立大学项目顺利通过教育部中外合作办学的评估（教外司办学【2015】2018号）。

全年，国际学院面向中国农业大学其他学院学生开设英语课、公选课共13门，为中国农业大学共建中小学教师英语培训项目开设英语课程，合计开设全英文课程近1100学时。

2016年

5月，国际学院与赫瑞瓦特大学签署了新的合作备忘录。

6月，中国农业大学与俄克拉荷马州立大学续签了合作办学协议，并于12月获准延期举办该项目5年。

6月，国际学院新视觉识别系统投入使用，新网站上线，楼宇标牌指引规范到位，学院文化建设再上台阶。

10月，国际学院当选为中国高等教育学会中外合作办学研究分会的三个常务理事单位之一，国际学院院长黄冠华任常务理事、副理事长。

11月，完善《国际学院“十三五”发展规划》，把国际学院“十三五”的发展目标确定为：优化办学结构、提升办学层次、提高办学质量、稳定办学规模、建立非独立法人机构。

12月，国际学院与英国德蒙福特大学签署了两校合作办学协议，并计划于2017年起，向德蒙福特大学派送交流学生。

2017年

1月，国际学院完成新一届分党委换届工作，隋熠继续担任学院党委书记。

1月，中国农业大学与教育部留学服务中心续签战略合作协议书，持续做好出国留学项目有关工作。

1月，国际学院工会进行换届工作，选举杨子华为国际学院工会主席，刘海泓为工会副主席，赵佳和柴利为工会委员。

4月，刘亚楠同志荣获全国高校辅导员职业能力大赛第二赛区一等奖。

10月，中美科罗拉多大学项目学生、中国学生学者联合会（CSSA）前任主席罗森予被中国驻芝加哥总领事馆授予“优秀学联主席”称号。

11月，国际学院院长黄冠华带队参加了第八届中外合作办学年会暨中国高等教育学会中外合作办学研究分会第二届学术年会，并应邀做了主题报告。

11月，建设“党员之家”，制作《党员花名册》，翻新“教工之家”。

11月，国际学院接受北京市党建标准验收工作检查，国际学院的党建工作得到上级部门的高度认可。

2018年

3月，国际学院被评为中国农业大学“模范教工之家”。

5月，院长黄冠华、党委书记隋熠分别赴科罗拉多大学（丹佛）和俄克拉荷马州立大学访问，并出席两校的毕业典礼。

6月，国际学院办学成果喜人。90%的毕业生选择继续攻读国内外大学研究生，其中30%的毕业生进入世界排名前50位的大学深造，50%的毕业生进入世界排名前100位的大学深造，深造学校包括耶鲁大学、伦敦大学学院、北京大学等高校。

7月，学校任命陈明海同志为国际学院党委书记。

10月，国际学院接受教育部组织的本科教学工作审核评估工作。专家组（特别是爱丁堡大学原校长Timothy爵士）对国际学院的教学质量、学生的英语能力以及对外办学的全球化视野给予高度评价。

全年，国际学院科研成果有新突破。柴利博士发表3篇SCI论文，John Wilson博士发表3篇SCI论文，Ioannis Diamantis博士参编出版1本专著。

全年，国际学院共有729人次荣获校、院各级各类奖学金，总金额超过227万元人民币。

2019年

1月，与教育部留学服务中心续签新一轮战略合作协议书。

1月，与汉考中心续签新一轮汉语考试服务合作协议。

3月，中美科罗拉多大学项目通过美国高等教育委会评估。

5月，副校长龚元石、院长黄冠华等访问科罗拉多大学（丹佛），并出席该校毕业典礼。

6月，与科罗拉多大学（丹佛）续签新一轮合作办学协议，协议有效期为5年。